SEHEN · STAUNEN · WISSEN

ERFINDUNGEN

Bohrwinde aus dem 19. Jh.

Strebenrad

Radioröhre

Frühes italienisches Mikroskop

Telefon

Füllfederhalter aus dem 19. Jh.

Linsen für die Daguerreotypie

Alte ägyptische Gewichte

ERFINDUNGEN

Vom Handbohrer der Steinzeit bis zum Superrechner unserer Tage

Text von Lionel Bender

„Napier'sche Stäbchen", Rechengerät aus dem17. Jh.

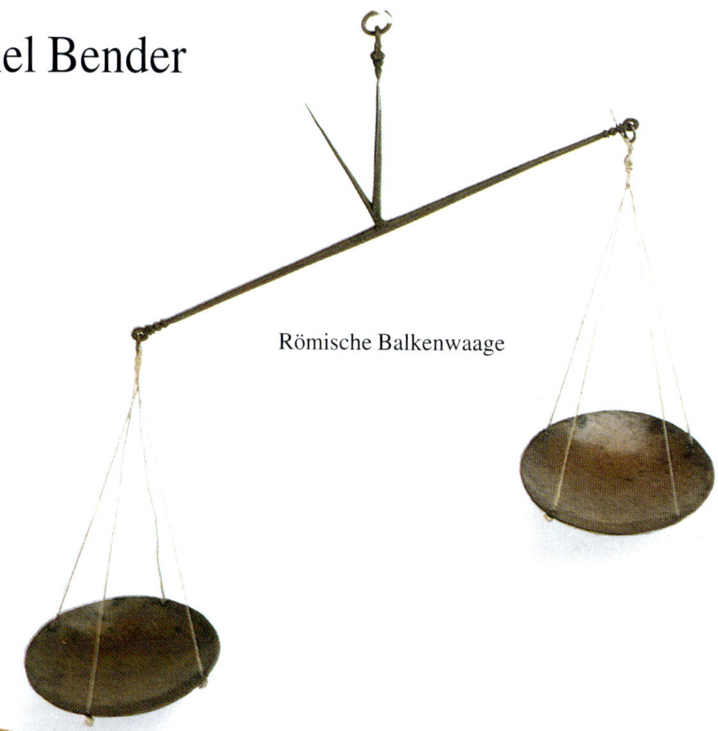

Römische Balkenwaage

Smalls hölzerner Pflug

Kugelschreiber von 1940

Gerstenberg Verlag

Tragbare
Sonnenuhr
aus Elfenbein

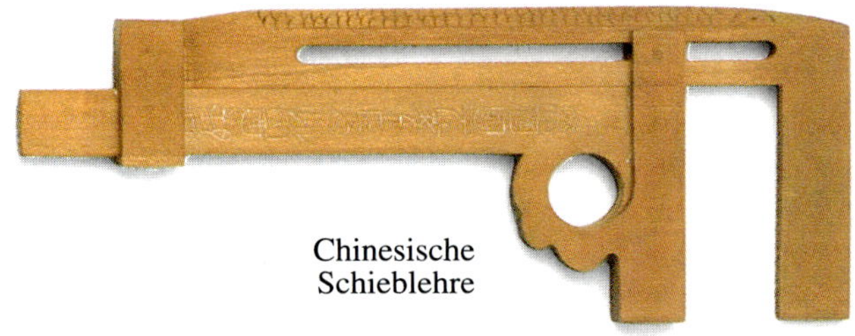

Chinesische
Schieblehre

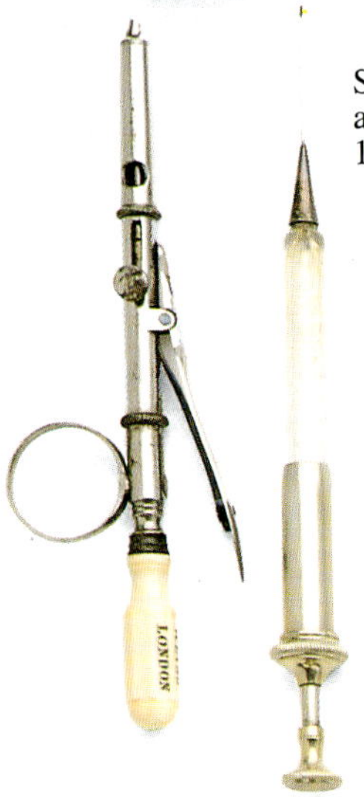

Spritzen
aus dem
19. Jh.

Goldene
Gewichte der
Aschanti

Bibliografische Information der Deutschen Nationalbibliothek

Die Deutsche Nationalbibliothek verzeichnet diese Publikation
in der Deutschen Nationalbibliografie; detaillierte bibliografische
Daten sind im Internet über *http://dnb.d-nb.de* abrufbar.

Ein Dorling-Kindersley-Buch
Originaltitel: Eyewitness Guides: Invention

Projektleitung: Phil Wilkinson
Layout und Gestaltung: Mathewson Bull
Lektorat: Helen Parker, Jacquie Gulliver, Julia Harris
Herstellung: Louise Barrat
Bildredaktion: Kathy Lockley
Fotografie: Dave King
Zusatztexte: Peter Lafferty
Wissenschaftliche Beratung: Science Museum, London

Aus dem Englischen von Klaus Scheuer
Bearbeitung der deutschsprachigen Ausgabe
von Margot Wilhelmi, Sulingen

Satz: Gerstenberg Druck GmbH, Hildesheim
Printed in China

www.gerstenberg-verlag.de

ISBN 978-3-8369-4586-8

09 4

Alter
Telefonhörer

Australische
Steinaxt

Mittelalterliche
Kerbhölzer

Inhalt

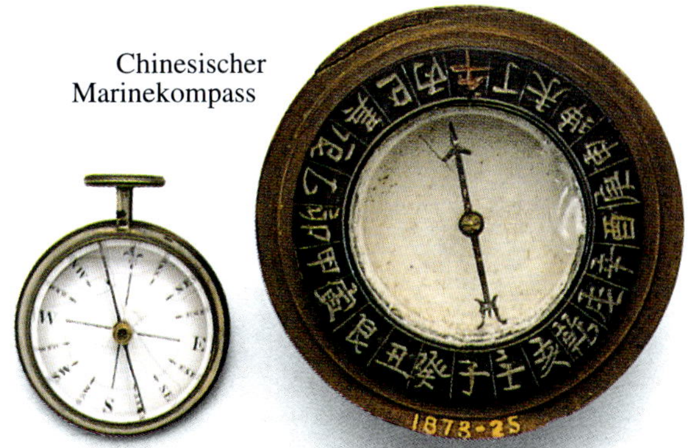

Chinesischer Marinekompass

Englischer Kompass aus dem 18. Jh.

Was ist eine Erfindung? 6
Die Geschichte einer Erfindung 8
Werkzeuge 10
Das Rad 12
Metallverarbeitung 14
Maße und Gewichte 16
Feder und Tinte 18
Feuer und Licht 20
Zeitmessung 22
Energiequellen 24
Buchdruck 26
Optische Geräte 28
Rechenmaschinen 30
Die Dampfmaschine 32
Navigation und Vermessung 34
Spinnen und Weben 36
Batterien 38
Fotografie 40
Medizinische Geräte 42
Das Telefon 44
Schallaufzeichnung 46
Der Verbrennungsmotor 48
Kino 50
Radio 52
Erfindungen für den Haushalt 54
Die Kathodenstrahlröhre 56
Fliegerei 58
Kunststoffe 60
Der Siliziumchip 62
Register 64

Was ist eine Erfindung?

Im Gegensatz zu einer Entdeckung, bei der etwas schon Vorhandenes, aber bisher noch nicht Bekanntes gefunden wird (wie Amerika durch Columbus), ist eine Erfindung das Produkt der schöpferischen Fantasie des menschlichen Geistes. Oft sind Erfindungen das Ergebnis einer neuen, einzigartigen Kombination bereits existierender Technologien. Erfindungen entstehen aus einer dringenden Notwendigkeit heraus, aus dcr Absicht des Erfinders, etwas schneller oder besser zu machen, oder aus purem Zufall. Manchmal sind sie das Ergebnis der Arbeit eines Einzelnen, ein andermal werden sie im Team entwickelt. Oft werden Dinge zur gleichen Zeit in verschiedenen Teilen der Welt erfunden.

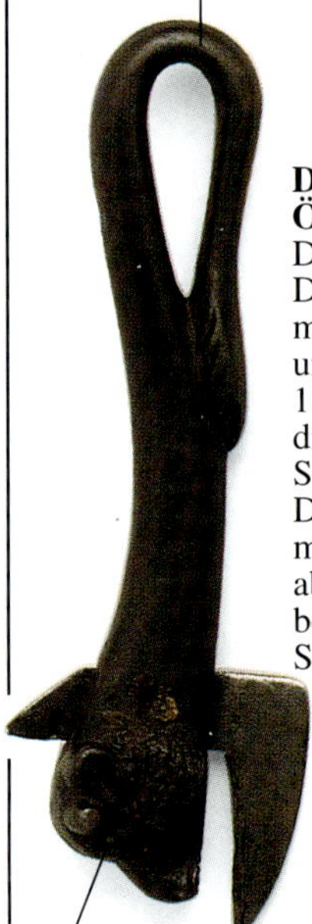

DOSEN-ÖFFNER
Die ersten Dosen musste man mit Hammer und Meißel öffnen. 1855 erfand Yeates diesen Dosenöffner. Die Schneide wurde durch den Deckel gestoßen und dieser mit Auf- und Abbewegungen abgetrennt. Den Öffner erhielt man beim Kauf von Rindfleisch, daher der Stierkopf.

GLAS
Die Ägypter stellten bereits um 4000 v.Chr. Glas aus Soda und Sand her und formten Glasperlen. Im 1. Jh.v.Chr. führten die Syrer wahrscheinlich die Technik des Glasblasens ein und fertigten die verschiedensten Glasgegenstände.

SCHERE
Die Schere wurde vor mehr als 3000 Jahren an verschiedenen Orten erfunden. Frühe Formen gleichen Zangen mit einer Feder zum Auseinanderdrücken der Schneiden. Die heutige, leichter zu handhabende Schere besitzt einen Drehpunkt und arbeitet nach dem Hebelprinzip.

IN DER DOSE
Die „schnelle Küche" verdanken wir dem Franzosen Nicholas Appert. Ihm gelang um 1800 die Konservierung von Lebensmitteln, indem er durch Erhitzen alle Bakterien abtötete und die Konserve dann mit Korkstopfen luftdicht in Glasgefäßen verschloss. 1811 führten die beiden Engländer Donkin und Hall die Vakuumdose ein und gründeten die erste Konservenfabrik.

Schloss

Eiserner Schlüssel

SCHLOSS UND RIEGEL

Bei den ältesten Schlössern schob der Schlüssel einen Stift, die „Zuhaltung“, hoch, sodass ein Riegel geöffnet werden konnte.

ZUM AUFREISSEN

Der Reißverschluss wurde 1893 von dem amerikanischen Ingenieur Whitcomb Judson erfunden. Er bestand aus zwei Reihen Haken und Ösen, die mit einem Schieber verschlossen wurden. Der heutige Reißverschluss mit Metallkrampen wurde von Gideon Sundback entwickelt und 1914 patentiert.

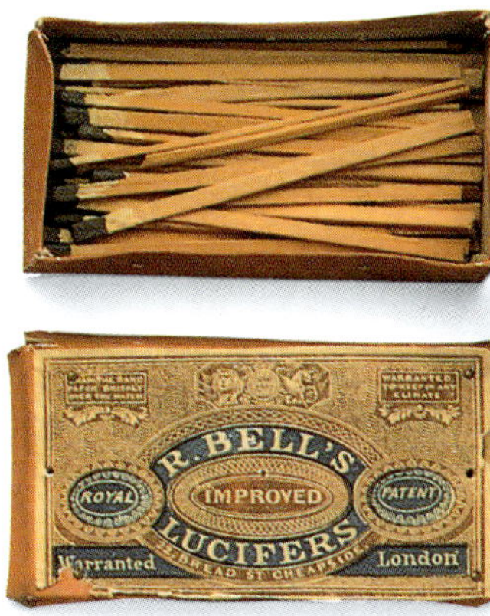

ZÜNDENDE IDEE

Die modernen Streichhölzer erfand der englische Chemiker John Walker im Jahre 1827. Er überzog Holzsplitter an einem Ende mit einem Gemisch aus chemischen Substanzen, das sich durch Reibungshitze entzündete, wenn man damit über Sandpapier strich.

Sandpapier

EIN BLEISTIFT IM DETAIL

Die Bleistiftmine wurde um 1790 in Frankreich und in Österreich erfunden. Ein Gemisch aus Graphit und Ton wurde zu Stäbchen geformt und gebrannt. Ein höherer Tonanteil ergab härtere Minen.

In der Birne herrscht ein Vakuum.

Glühfaden aus Metall

Anschluss an den Stromkreis

ERLEUCHTUNG *links*

In der elektrischen Glühbirne erhitzt ein starker elektrischer Strom einen Draht zur Weißglut. Es gab mehrere unabhängige Erfinder der Glühbirne, darunter Thomas Alva Edison und Joseph Swan. Seit den 80er-Jahren des vorigen Jahrhunderts wurden Birnen mit Glühfäden aus Kohlenstoff in Massenproduktion gefertigt.

PAPIER *unten*

Papier wurde erstmals im Jahre 105 v.Chr. von T'sai Lun in China hergestellt. Es bestand aus einer Mischung von Stoff, Holz und Stroh (S.19).

Papierrolle

Kurbel zum Aufwickeln des Bandes

Leinenband

MASSARBEIT *oben*

Das Bandmaß entwickelte sich aus der Messkette und der Messrute, die zuerst die Ägypter, später Griechen und Römer benutzten. Das abgebildete Bandmaß von 1846 ist gleichzeitig ein Notizbuch.

Das Streichblech hebt und wendet den Boden.

Die Schar hebt die obere Erdschicht ab.

Das Sech schneidet den Boden senkrecht auf.

Zughaken zum Anspannen von Pferden oder Ochsen

AM BODEN

Der Pflug entwickelte sich um 2000 v.Chr. aus der einfachen Hacke und dem Grabstock, die bereits seit tausenden von Jahren verwendet wurden. Einfache Hakenpflüge aus Holz wurden von komplizierteren Eisenpflügen abgelöst, mit denen man auch schwerere Böden lockern und wenden konnte.

Die Geschichte einer Erfindung

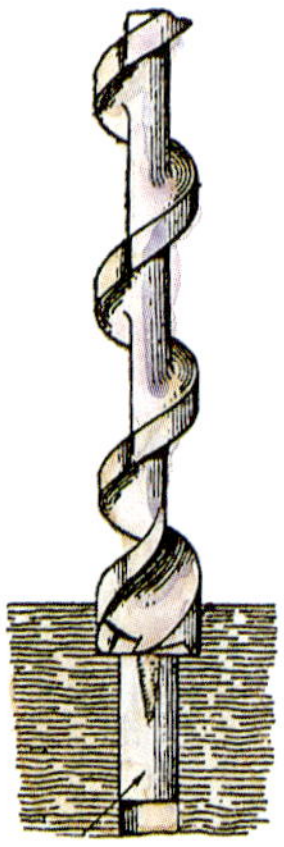

Oftmals sind viele Personen an einer Erfindung beteiligt und es kann viel Zeit vergehen, bis sie ihre endgültige Form erlangt. Manchmal dauert es Jahrhunderte, bis eine Erfindung ausgereift ist, wobei die Ergebnisse unterschiedlicher Entwicklungen und neue Technologien mit einfließen. Die Geschichte der Bohrwerkzeuge zeigt, dass die Erfindung des bekannten Handbohrers eine jahrhundertelange Weiterentwicklung der einfachen Ahle und des Bogenbohrers darstellt. Die alten Ägypter gehörten zu den Ersten, die Bohrwerkzeuge benutzten. Um 230 v.Chr. untersuchte Archimedes die Wirkung von Hebeln und Übersetzungen auf die Kraftübertragung, aber erst im Mittelalter wurde die Bohrwinde mit zusätzlicher Hebelwirkung entwickelt; die Bohrwinde mit Kurbel und Übersetzung ist noch jüngeren Datums.

DOPPELFUNKTION
Die alten Ägypter benutzten diese frühe Form der Ahle zum Vorbohren von Löchern und zum Anbringen von Markierungen auf Holzbrettern.

FEUERZEUG
Es ist nicht bekannt, ob der Bogenbohrer zuerst zum Bohren von Löchern oder zum Feuermachen benutzt wurde. Das oben abgebildete Exemplar ist ein Feuerbohrer. Der Holzbohrer wurde auf ein Holzstück gesetzt und mit einem Lederstreifen gedreht. Die Reibung zwischen Bohrer und Holzstück erzeugte so viel Hitze, dass man trockenes Stroh entzünden konnte.

VERSCHIEDENE SPITZEN
Am Bohrer wurden Spitzen aus Metall oder Feuerstein befestigt. Um beim Bohren mehr Druck auszuüben, beschwerte man den Bohrer mit einem Stein.

AUF DEN PUNKT GEBRACHT
Dieser ägyptische Bohrer stellt eine Kombination von Ahle und Bogenbohrer dar. Für ihn gab es verschiedene austauschbare Spitzen zum Bohren kleiner und großer Löcher.

VOLLE DREHUNG
Der Handbohrer hat ein Schraubengewinde an der Spitze. Dadurch bewegt er sich beim Drehen in die Tiefe und man kann größere Löcher bohren als mit der glatten Ahle. Man benutzt den Handbohrer, um Löcher für Schrauben vorzubohren.

HOLZBOHRER
Als Holzbohrer dienen korkenzieherähnliche Einsätze für die Bohrwinde mit einer spiralförmigen Rille, durch die beim Bohren die Späne entweichen können. Es gibt auch Schraubenziehereinsätze, mit denen man Schrauben anziehen oder lösen kann.

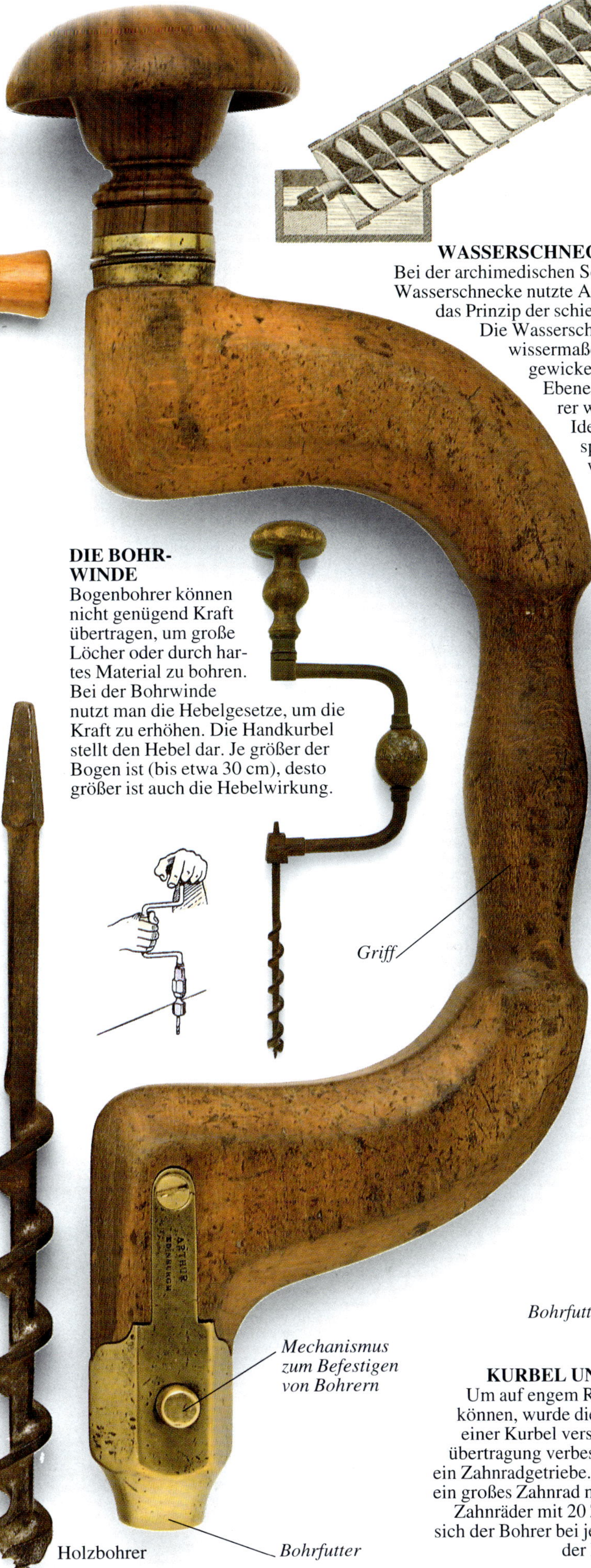

DIE BOHRWINDE
Bogenbohrer können nicht genügend Kraft übertragen, um große Löcher oder durch hartes Material zu bohren. Bei der Bohrwinde nutzt man die Hebelgesetze, um die Kraft zu erhöhen. Die Handkurbel stellt den Hebel dar. Je größer der Bogen ist (bis etwa 30 cm), desto größer ist auch die Hebelwirkung.

WASSERSCHNECKE
Bei der archimedischen Schraube oder Wasserschnecke nutzte Archimedes das Prinzip der schiefen Ebene. Die Wasserschnecke ist gewissermaßen eine aufgewickelte schiefe Ebene. Beim Bohrer wurde diese Idee erst viel später angewendet.

KURBEL UND GETRIEBE
Um auf engem Raum arbeiten zu können, wurde die Bohrwinde mit einer Kurbel versehen. Die Kraftübertragung verbesserte man durch ein Zahnradgetriebe. Verwendet man ein großes Zahnrad mit 80 und kleine Zahnräder mit 20 Zähnen, so dreht sich der Bohrer bei jeder Umdrehung der Kurbel vier Mal.

Werkzeuge

Vor etwa drei bis vier Millionen Jahren begannen unsere Vorfahren aufrecht zu gehen. Dadurch konnten sie die Hände benutzen, um Aas und Pflanzen als Nahrung zu sammeln. Nach und nach entwickelte der Mensch verschiedene Werkzeuge. Zunächst benutzte er einfache Steine, um Fleisch zu zerteilen und Markknochen aufzubrechen. Später wurden die Steine so behauen, dass sie eine scharfe Schneide bekamen. Vor etwa 400.000 Jahren begann der Mensch aus Feuerstein Faustkeile und Pfeilspitzen herzustellen. Knochen dienten als Keulen und Hämmer. 150.000 Jahre später entdeckte der Mensch das Feuer. Jetzt konnte er Fleisch garen und entwickelte eine Menge unterschiedlicher Jagdgeräte. Der aufkommende Ackerbau erforderte andere, neue Werkzeuge.

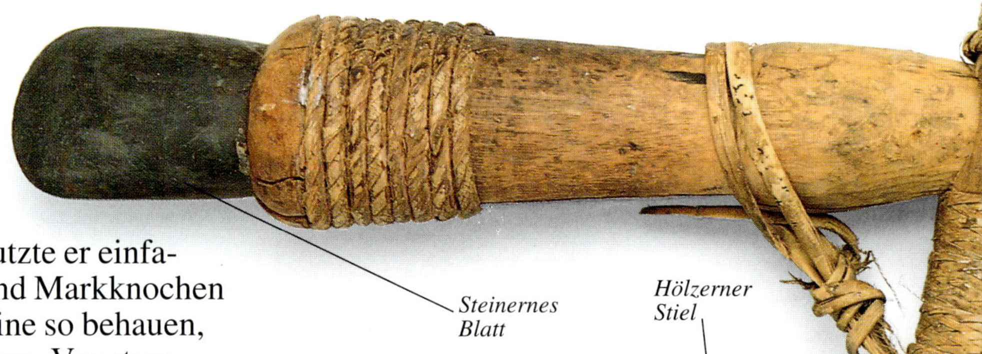

DOPPELROLLE
Die Dechsel ist eine Weiterentwicklung der Axt, die es bereits im 8. Jahrtausend v.Chr. gab. Ihr Blatt war beinahe rechtwinklig zum Stiel angebracht. Das hier abgebildete Werkzeug aus Nordpapua konnte als Axt (Abbildung) und als Dechsel verwendet werden, da sich das Blatt verstellen ließ.

JAGDWAFFE
Diese australische Axt stellt eine frühe Weiterentwicklung des Faustkeils dar. Ein elastischer Eukalyptusast wurde um einen Stein gebogen und beide Enden fest zusammengebunden. Die Axt diente wahrscheinlich zum Töten wilder Tiere.

AXT OHNE STIEL
Dieser Faustkeil aus Feuerstein, gefunden im englischen Kent, wurde zunächst mit einem Stein- (oben) und dann mit einem Knochenhammer bearbeitet. Möglicherweise ist er 20.000 Jahre alt und stammt aus der Altsteinzeit (Paläolithikum), als Feuerstein der wichtigste Rohstoff für Werkzeuge war.

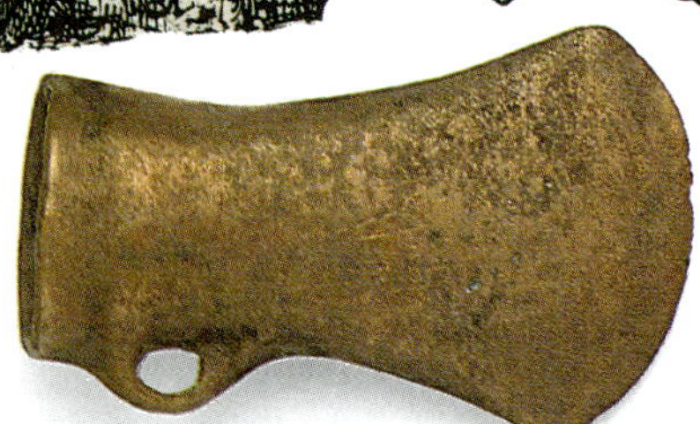

BRONZEAXT
Bronzegeräte wurden zuerst in Asien, vor etwa 8000 Jahren, hergestellt. In Europa dauerte die Bronzezeit ungefähr von 2000 bis 500 v.Chr.

BESSER ALS NICHTS
Wo es keinen Feuerstein gab, stellte man Werkzeuge aus weicherem Gestein her. Diese Bruchsteinaxt war natürlich nicht so scharf wie eine aus Feuerstein.

GLATT GESCHLIFFEN
Dieses Axtblatt entstand aus einem Steinbrocken, indem dieser auf Felsen und mit Kieselsteinen glatt gerieben wurde.

BEFESTIGUNG
Während bei den heutigen Äxten der Stiel in einem Schaft steckt, verwendete man bei den ersten Beilen Lederstreifen zur Befestigung.

ÄGYPTISCHER ERFINDERGEIST

In Ägypten entwickelte sich eine der ersten Hochkulturen. Die Ägypter verwendeten zunächst Steinwerkzeuge, später benutzten sie für Waffen und Werkzeuge Elfenbein, Quarz, Kupfer, Bronze und ab ca 1000 v.Chr. Eisen. Sie entwickelten auch hölzerne Lineale und Zeichendreiecke.

STEINBOHRER

Um Löcher in Bausteine zu bohren, benutzten unsere Vorfahren Bohrer aus Feuerstein. Möglicherweise waren diese an den beiden Enden einer Astgabel befestigt, die der Steinmetz zwischen beiden Handflächen rieb und so in Drehung versetzte.

Das Loch wurde mit einem Bohrer aus Feuerstein gebohrt.

Bohrspitze aus Feuerstein

ANGESPANNT

Dieser neuere Pumpenbohrer aus Neuguinea besitzt eine gusseiserne Spitze, mit der man in Holz bohren konnte. Die Bogensehne ist um den Schaft gewickelt und versetzt ihn in Drehung, wenn der Querstab nach unten gedrückt wird.

Hölzerner Querstab

Sehne aus Garn

Gewichtsstein

Eiserne Spitze

MIT HAMMER UND MEISSEL *unten links*

In der Steinzeit wurden Steinwerkzeuge wie dieser Meißel aus Dänemark (links) an hartem Gestein geschliffen. Im alten Ägypten benutzten die Möbelschreiner Stemmeisen aus Bronze (Mitte, rechts), um die Zapfenverbindungen aus dem Holz herauszuarbeiten.

Steinmeißel

Bronzemeißel

Schleifstein

SCHWERSTARBEIT

Diese Dechsel von den Fidschi-Inseln hat einen gebogenen Stiel und ein breites, scharfes Blatt. Das Werkzeug wurde wahrscheinlich bei schweren Arbeiten eingesetzt. Beim Bootsbau höhlte man damit die Baumstämme aus.

Mit dieser Schnur ist das Blatt befestigt.

Steinernes Blatt

BLOSS GUT ZIELEN!

Der Arbeiter hob die Dechsel mit beiden Händen bis in Kopfhöhe an und hackte auf das hölzerne Werkstück ein, das zwischen seinen Füßen lag.

MESSERSCHARF

Die alten Ägypter schliffen die Klingen ihrer Bronzewerkzeuge und wahrscheinlich auch der Waffen mit einem weichen Sandsteinblock.

ZACKIG *rechts*

Etwa 3000 v.Chr. kam das Schreinerhandwerk in Ägypten auf. Die kunstvollen Holzgegenstände dienten vor allem als Grabbeigaben für die Pharaonen. Dieses Messer aus Feuerstein stellt mit seiner gezackten Schneide eine frühe Form der Säge dar.

Gezackte Schneide

Das Rad

Das Rad ist wahrscheinlich die wichtigste mechanische Erfindung überhaupt. In fast allen Maschinen findet man Räder, in Uhren, Windmühlen und Dampfmaschinen ebenso wie beim Auto und beim Fahrrad. Das Rad trat vor mehr als 5000 Jahren in Mesopotamien, dem heutigen Irak, erstmals in Erscheinung. Etwa gleichzeitig diente das Rad als drehbare Töpferscheibe und wurde als Wagenrad an Karren montiert, um den Transport schwerer und sperriger Gegenstände zu vereinfachen. Die ersten Räder waren aus Brettern zusammengefügte massive Scheiben. Speichenräder gibt es erst seit etwa 2000 v.Chr. Sie waren leichter und wurden für Streitwagen benutzt. Radlager ermöglichten es, dass die Räder sich leichter drehten; sie wurden um 100 v.Chr. erfunden.

TÖPFERSCHEIBE
Um 300 v.Chr. erfanden Griechen und Ägypter die Töpferscheibe mit Fußantrieb.

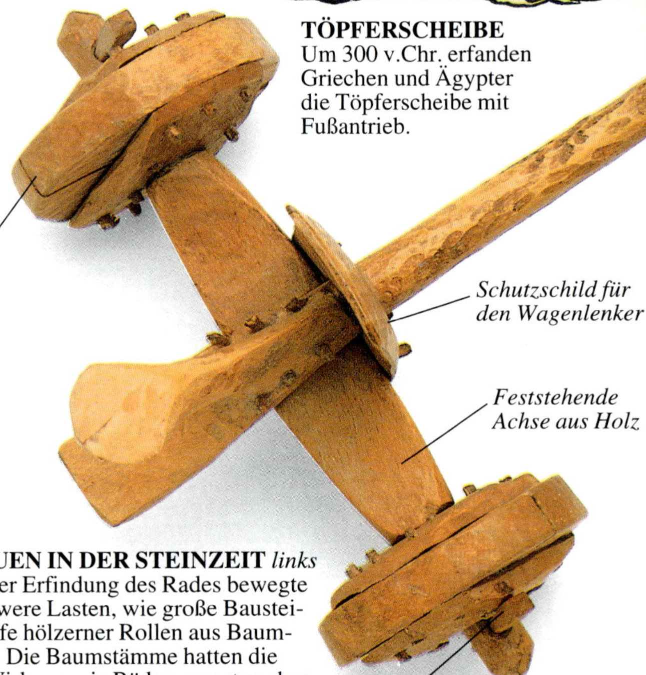

BAUEN IN DER STEINZEIT *links*
Vor der Erfindung des Rades bewegte man schwere Lasten, wie große Bausteine, mithilfe hölzerner Rollen aus Baumstämmen. Die Baumstämme hatten die gleiche Wirkung wie Räder, mussten aber immer wieder neu unterlegt werden.

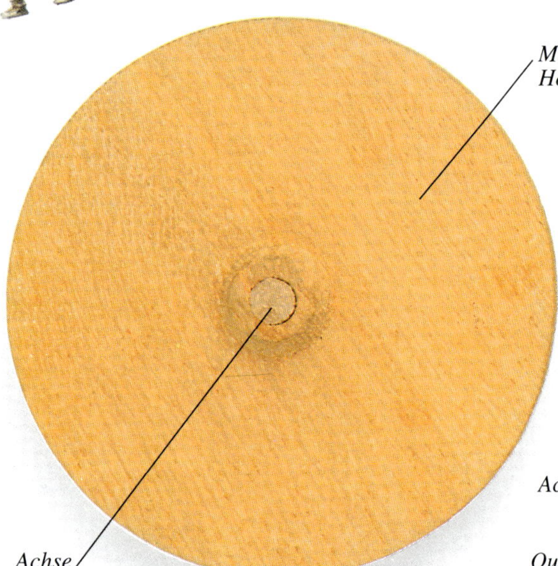

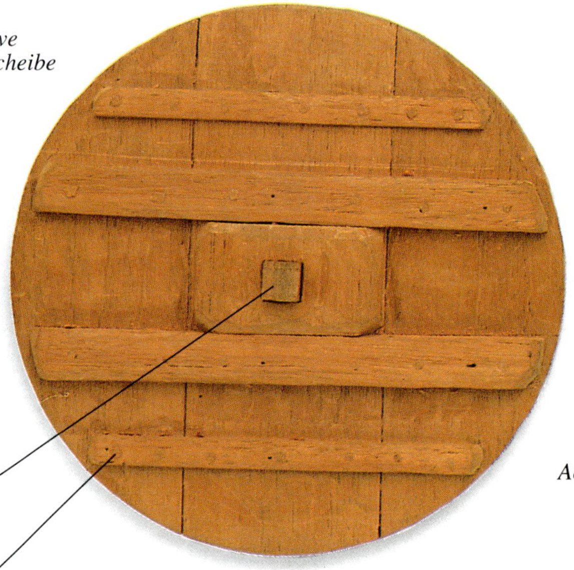

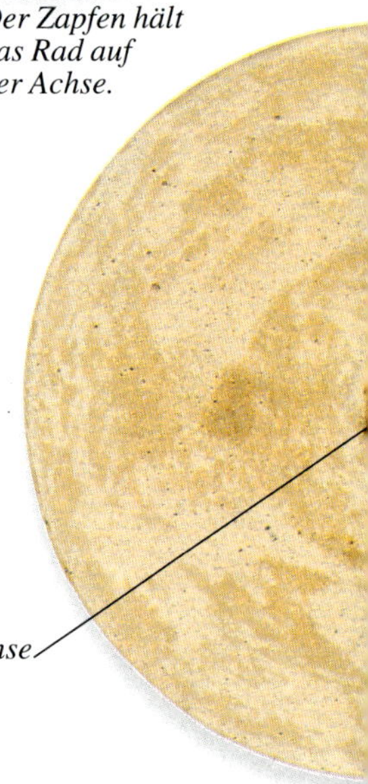

SELTEN, ABER SOLIDE
Einfache, massive Baumstammscheiben als Räder waren nicht sehr gebräuchlich, weil es im Entstehungsgebiet des Rades nur wenige Bäume gab. Das abgebildete Beispiel stammt aus Dänemark.

DREIGETEILT
Solche Räder aus drei Brettern, die von hölzernen Querlatten zusammengehalten werden, wurden schon sehr früh gebaut und sind mancherorts noch heute in Gebrauch. sie bewähren sich besonders auf schlechten Straßen.

ROLLING STONES
Wenn es an Holz mangelte, fanden Räder aus Stein Verwendung. Sie waren zwar schwer, aber sehr haltbar. Das Steinrad kommt aus China und der Türkei.

AUF-RÜSTUNG
Das Rad ermöglichte in Mesopotamien um 2000 v.Chr. die Entwicklung des Streitwagens.

QUER-STANGE
An dieser Querstange, die mit Lederriemen am Fahrgestell befestigt war, wurde das Pferd angespannt.

LEDERNE RADLAGER
Um 100 v.Chr. entwickelten die Kelten einfache Radlager: lederne Muffen, die genau zwischen Achse und Radnabe passten. Sie verringerten die Reibung und das Rad drehte sich nun leichter.

ERNTE EINFAHREN
Solche Räder mit Metallreifen waren seit ca. 2000 v.Chr. gebräuchlich. Die Reifen verringerten die Abnutzung der Räder.

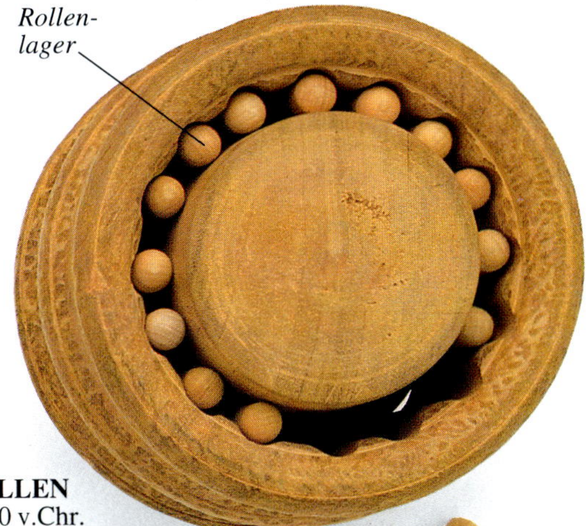

STARR UND STEIF
Die feststehende Achse war starr. Sie war fest am Fahrgestell des Wagens befestigt. Das Rad drehte sich auf der Achse.

AUF ACHSE
Die drehbare Achse war fest mit dem Rad verbunden und drehte sich mit ihm.

ROLLEN
Um 100 v.Chr. entwickelten dänische Wagenbauer das Rollenlager. Durch kleine Holzrollen zwischen Achse und Nabe drehte sich das Rad leichter.

Früher Karren aus dem Mittleren Osten

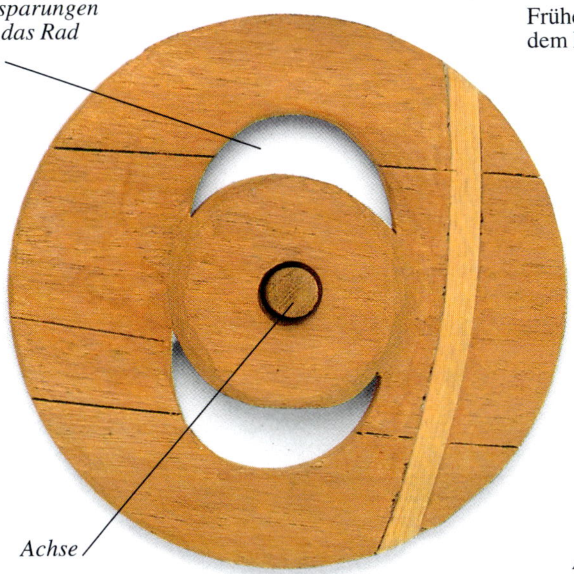

ERLEICHTERUNG
Um Räder leichter zu machen, schnitt man Teile der massiven Holzscheibe aus. Solche dreiteiligen Scheibenräder wurden um 2000 v.Chr. entwickelt.

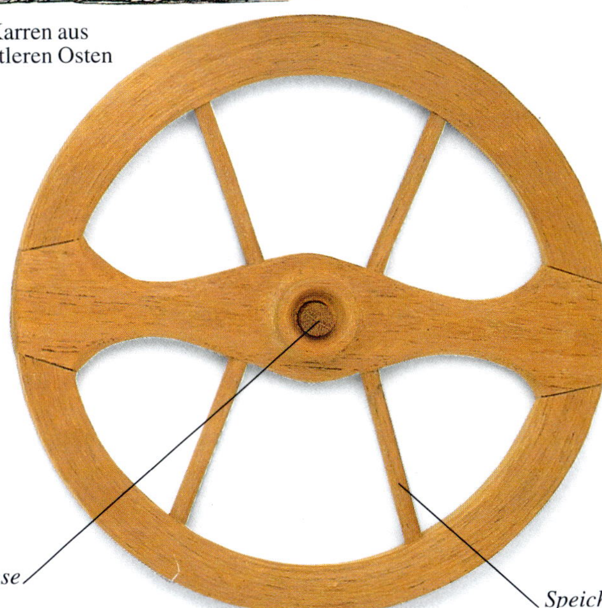

STREBENRAD
Wenn man große Teile aus dem Scheibenrad herausschnitt, musste man dessen Haltbarkeit durch Streben vergrößern. Jetzt war es nur noch ein kleiner Schritt bis zum Speichenrad.

Metallverarbeitung

Römischer Eisennagel (ca. 88 n.Chr.)

Gold und Silber kommen als reine Metalle in der Natur vor. Schon in frühester Zeit fanden die Menschen Stücke dieser Metalle und verarbeiteten sie zu einfachen Schmuckstücken. Das erste Gebrauchsmetall war Kupfer, man musste es allerdings erst aus Erzen gewinnen und es war recht weich. Einen großen Fortschritt bedeutete die Herstellung von Bronze, einer Legierung aus den Metallen Kupfer und Zinn. Bronze war hart, rostete nicht und war leicht zu bearbeiten. Man konnte sie leicht schmelzen, in Formen gießen und von Schwertern bis hin zu Schmuck alles Mögliche daraus herstellen. Um 2000 v.Chr. begann man mit der Eisengewinnung. Man erhitzte das Eisenerz mithilfe von Holzkohle. Auf diese Weise erhielt man das Metall nur in unreiner Form. Eisen war reichlich vorhanden, aber schwer zu schmelzen. Es wurde zunächst häufiger durch Schmieden als durch Gießen verarbeitet.

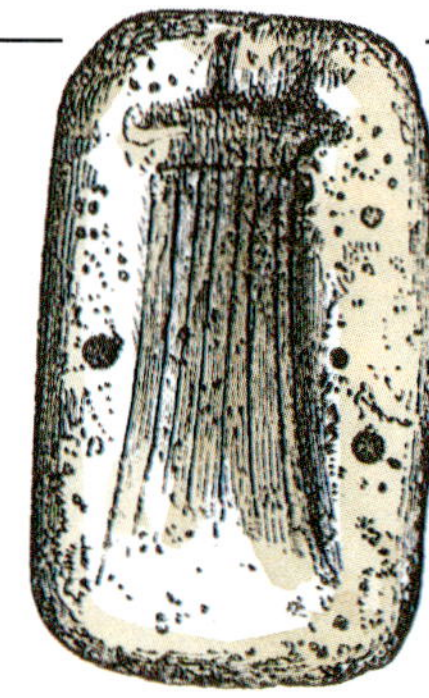

METALLGUSS – LETZTES STADIUM
Nach Abkühlung wurde die Form aufgebrochen und der gegossene Gegenstand herausgenommen. Bronze ist viel härter als Kupfer und kann durch Hämmern weiterverarbeitet werden. Deshalb war das Metall weit verbreitet.

Eisenerz

Luppe

Ausgeschmiedete Luppe

LUPPE
Die ersten Öfen waren nicht heiß genug, um Eisen zu schmelzen. Man konnte das Metall nur als sprödes Roheisen gewinnen, das rot glühend geschmiedet werden musste.

METALLGUSS – ERSTES STADIUM
Zur Bronzeherstellung mussten Kupfer und Zinn in einem großen Tiegel oder einem einfachen Schmelzofen erhitzt werden. Bronze lässt sich leichter schmelzen als reines Kupfer.

METALLGUSS – ZWEITES STADIUM
Die flüssige Bronze wurde in eine Form gegossen, wo sie abkühlte und erstarrte. In Europa wurde die Bronzeverarbeitung um 3500 v.Chr. bekannt, in China erst ein paar Jahrhunderte später.

DAMASZENERKLINGEN
Im 1. Jh.n.Chr. stellte man vor allem in Damaskus Schwerter durch Damaszieren her, d.h. man schmiedete mehrere schmale Eisenstangen schraubenartig zusammen.

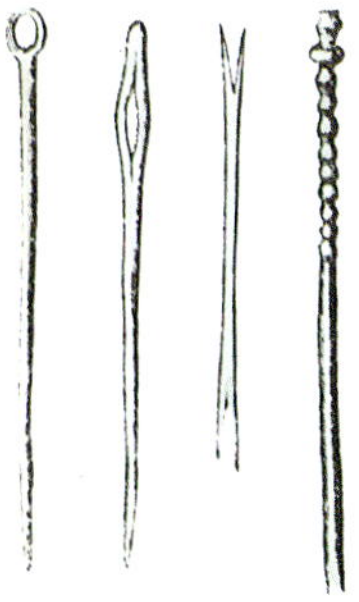

KLEIN UND GROSS
Aus Bronze konnte man sowohl äußerst kleine Gegenstände wie diese Nadeln herstellen als auch sehr große wie Glocken und Statuen.

RÖMISCHE NÄGEL
Diese Eisennägel wurden bei Ausgrabungen in London und Schottland gefunden.

GESCHMIEDET ODER GEGOSSEN?
Zähflüssige Klumpen von Schmiedeeisen konnte man in einfachen Öfen gewinnen und dann mit einem Hammer schmieden. Erst mit der Erfindung des Hochofens im 14. Jh. wurde es möglich, Eisen zu schmelzen.

Dies ist eine Frühform des Hufeisens aus Schmiedeeisen. Es wurde mit Riemen am Huf befestigt.

Öse für den Riemen

Sohle

AFRIKANISCHES EISEN
Noch in den 1930er-Jahren wandte man in einigen Teilen Afrikas einfache Techniken der Eisengewinnung an. So wurde etwa im Sudan Schmiedeeisen in Tonöfen hergestellt.

Seltsam geformte Hacke aus Schmiedeeisen

Spitze mit Widerhaken

AUF DIE SPITZE GETRIEBEN
Viele eiserne Waffen waren kunstvoll verziert. Diese Speerspitze saß auf einem hölzernen Schaft.

Armband

Haarnadel

BRONZESCHMUCK
Bronzene Armbänder waren oft mit kunstvollen Mustern verziert. Haarnadeln besaßen häufig große, reich verzierte Köpfe.

EISENHAMMER *rechts*
Seit vielen Jahrhunderten werden aus Eisen Werkzeuge hergestellt. Dieser einfache Hammer wurde um 1930 im Sudan gefertigt.

Die Eisenstäbe werden schraubenförmig gewunden.

Die Spitze besteht aus mehreren zusammengeschmiedeten Teilen.

SCHMUCKVOLLE SCHWERTER
Damaszenerschwerter waren sehr hart und sehr scharf. Die zusammengefügten Eisenstreifen bildeten ein dekoratives Muster entlang der Klinge.

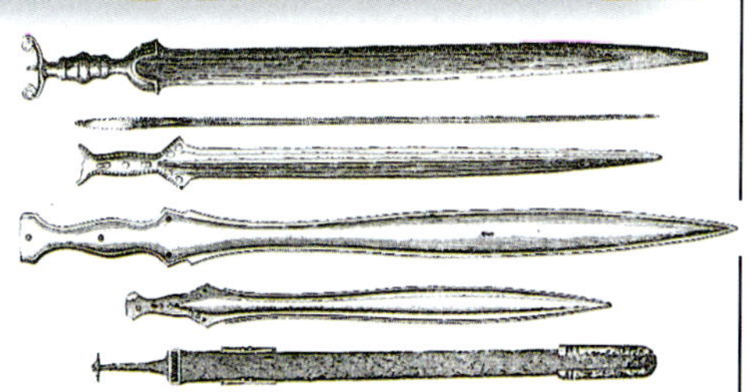

Fertiges Schwert

FÜR KLEINE HÄNDE *oben*
Griff und Parierstange der Bronzeschwerter waren oft reich verziert. Aus heutiger Sicht erscheinen die Griffe viel zu klein für eine Hand.

Maße und Gewichte

Die ältesten Maßsysteme stammen aus dem Alten Ägypten und aus Babylonien. Sie dienten zum Wiegen von Getreide und zum Landvermessen. Auch der Handel wurde durch vereinheitlichte Maßsysteme möglich. Um 3500 v.Chr. erfanden die Ägypter die Waage. Sie besaßen Standardgewichte und ein Längenmaß, die Elle (etwa 52 cm). Der Kodex Hammurabi, die Gesetzesschrift des babylonischen Königs (1792–1750 v.Chr.), verweist ebenfalls auf standardisierte Systeme für Gewichte und Längenmaße. Zur Zeit der Griechen und Römer waren Waagen und Messlatten bereits im alltäglichen Gebrauch. Das heute übliche metrische Maßsystem (Meter, Gramm) wurde im 14. Jahrhundert eingeführt und setzte sich im 18. Jahrhundert neben dem englischen (Fuß, Zoll) durch. Heute gilt das metrische System international.

Alte ägyptische Gewichtssteine

Ägyptische Gewichte aus Metall

HEAVY METAL
Die alten Ägypter benutzten Steine als Standardgewichte. Um 2000 v.Chr. kamen mit der Entwicklung der Metallverarbeitung bronzene und eiserne Gewichte in Gebrauch.

Haken für die Last

SCHWEREN HERZENS
Nach dem Tod eines Menschen fand im alten Ägypten die Zeremonie des „Herzauswiegens“ statt.

Zeiger

Waagschale

AUS DEM GLEICHGEWICHT
Diese römische Balkenwaage besteht aus einer Bronzestange, die an ihrem Mittelpunkt drehbar aufgehängt wird. Auf eine der beiden Waagschalen legte man die zu wiegenden Gegenstände, auf die andere die bekannten Gewichte. Ein Zeiger in der Mitte des Balkens zeigte an, ob die Waage im Gleichgewicht war.

MIT GOLD AUFGEWOGEN
Die Aschanti, ein afrikanisches Volk aus dem Gebiet des heutigen Ghana, erlangten im 18. Jh. große Macht. Sie stellten reich verzierte Goldgewichte her.

Fisch

Schwert

Skorpion

Skala in Zoll und Zentimetern

Ins Innere konnte man kleinere Gewichte legen.

GEWICHTSSATZ
Bei der einfachen Balkenwaage legt man kleine oder große Gewichte in die Waagschale, bis die Waage im Gleichgewicht ist. Diese französischen Einsatzgewichte aus dem 17. Jh. kann man ineinander setzen, um Platz zu sparen.

LAUFGEWICHT *rechts*
Bei der Laufgewichtswaage kann man das Gewicht am langen Arm der Waage verschieben. Eine Skala auf dem Arm zeigt das Gewicht der Last an. Die Laufgewichtswaage wurde gern von fahrenden Händlern verwendet, weil man keinen Gewichtssatz benötigte.

AM HAKEN
Die Laufgewichtswaage wurde um 200 v.Chr. von den Römern erfunden. Es ist eine ungleicharmige Waage. Man hängte die Last an den kurzen Arm und verschob das Gewicht am langen Arm, bis die Waage im Gleichgewicht war. Das Bild zeigt eine Waage aus dem 17. Jh.

LÄNGENMASS
Edward I. von England führte 1307 das Standard-Yard als Längenmaß ein. Es war eine Eisenstange von 3 Fuß Länge, unterteilt in je 12 Zoll. Die abgebildete Schneiderelle aus dem 19. Jh. besitzt zusätzlich eine metrische Skala.

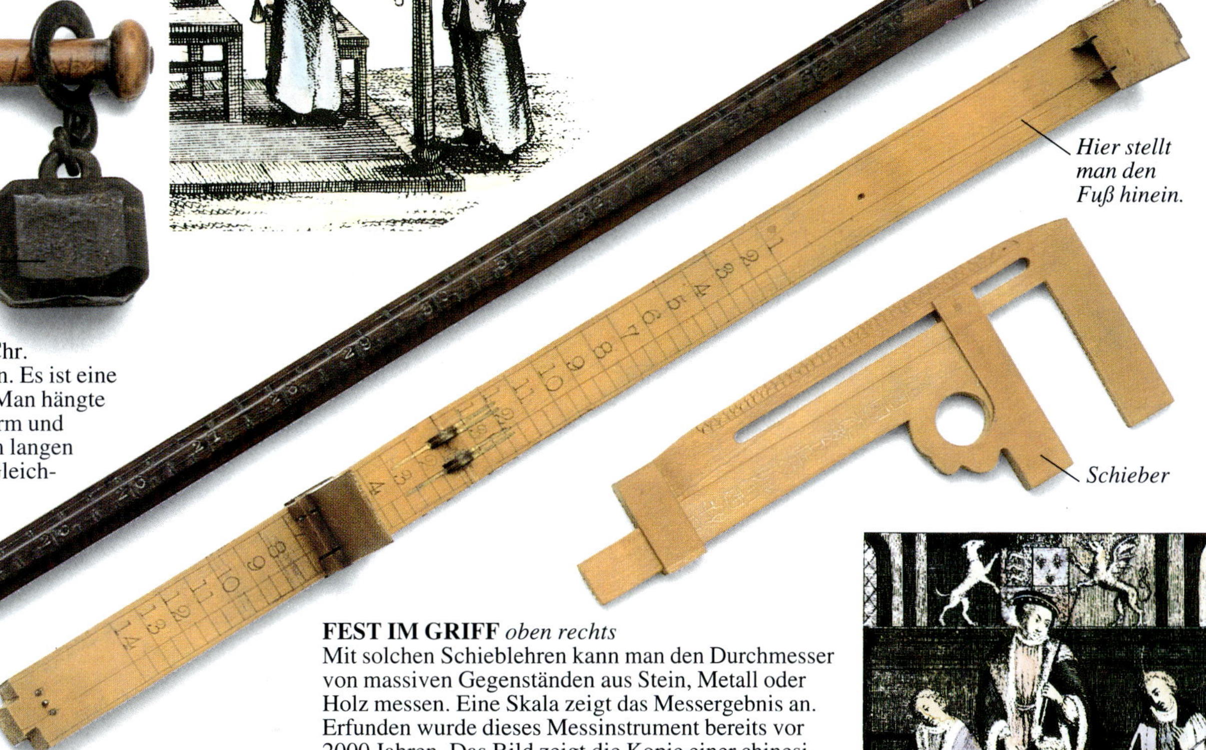

FEST IM GRIFF *oben rechts*
Mit solchen Schieblehren kann man den Durchmesser von massiven Gegenständen aus Stein, Metall oder Holz messen. Eine Skala zeigt das Messergebnis an. Erfunden wurde dieses Messinstrument bereits vor 2000 Jahren. Das Bild zeigt die Kopie einer chinesischen Schieblehre.

AUF GROSSEM FUSS
oben rechts
Diese englische Messlatte zum Feststellen der Schuhgröße beginnt mit Größe 1 bei 4,33 Zoll (11 cm). Die nächsten Größen sind jeweils 1/3 Zoll (8 mm) länger.

ANPASSUNGSFÄHIG *links*
In manchen Situationen sind Messlatten viel zu starr. Der Schneider bevorzugt zum Vermessen der Körpermaße deshalb ein flexibles Maßband.

NORMAL
Maße und Gewichte müssen einer allgemein gültigen Norm entsprechen. Beim Eichen werden Messgeräte auf ihre Korrektheit überprüft. Im Bild werden Messbecher getestet.

RANDVOLL *unten*
Zum Abmessen von Flüssigkeiten braucht man Behälter wie diesen kupfernen Messbecher, der bei der Branntweinherstellung verwendet wird. Die Markierung befindet sich am engen Hals des Krugs.

SCHNELLER ALS WIEGEN
Dieser indische Messbecher wurde zum Abmessen von Getreide verwendet. Für einen Verkäufer war es viel einfacher, das Getreide damit abzumessen, als jedesmal eine Waage zu benutzen.

Feder und Tinte

Erste schriftliche Aufzeichnungen wurden nötig, als sich vor etwa 7000 Jahren im Mittleren Osten der Ackerbau zu entwickeln begann. Babylonier und Ägypter benutzten Stein, Knochen oder Tontäfelchen für ihre Inschriften aus Symbolen und einfachen Bildern. Sie machten auf diese Weise Aufzeichnungen über Ernten und Bewässerung der Felder, über Landbesitz und Steuern. Die ersten Schreibgeräte waren aus Feuerstein, später benutzte man angespitzte Stöckchen. Um 2600 v.Chr. entwickelten Chinesen und Ägypter Tinte, indem sie den Ruß von Öllampen mit einer Gummilösung vermischten. Mit Hilfe natürlicher Farbstoffe wie etwa rotem Ocker konnten sie verschiedenfarbige Tinten herstellen. Im Mittelalter wurden für den Buchdruck (S.26–27) spezielle Tinten auf Ölbasis entwickelt. Bleistift, Füllfederhalter und Kugelschreiber sind noch recht junge Erfindungen, mit denen man längere Texte schreiben kann, ohne zwischendurch Tinte nachfüllen zu müssen.

FEDERLEICHT
Um 500 v.Chr. benutzte man erstmals einen Federkiel als Schreibgerät. Getrocknete Gänse-, Schwanen- oder Putenfedern waren am besten geeignet, weil ihr stabiler Schaft die Tinte gut aufnahm. Der Federkiel wurde mit einem Messer angespitzt und leicht eingeritzt, damit die Tinte gleichmäßig nach unten fließen konnte.

KEILSCHRIFT
Diese Tontafeln aus Mesopotamien gelten als die ersten schriftlichen Aufzeichnungen überhaupt. Der Schreiber ritzte die Schriftzeichen mit einem keilförmigen Griffel in den weichen Ton. Nach dem Trocknen war die Inschrift dann für immer festgehalten.

BINSENWEISHEIT
Im ersten Jahrtausend v.Chr. trugen die Ägypter mit Schilfrohren oder Binsenhalmen, die am unteren Ende angespitzt wurden, Ruß auf Papyrus auf.

Chinesische Schriftzeichen

GENIESTREICH
Die alten Chinesen schrieben mit Tinte und Pinseln aus Kamel- oder Rattenhaar. Zum Herstellen solcher Pinsel befestigten sie ein Haarbüschel an einem Stab. Zum Schreiben auf Seide gab es Pinsel, die aus nur wenigen Haaren und einem Griff aus Schilfrohr bestanden. Die mehr als 10.000 chinesischen Schriftzeichen basieren auf acht grundlegenden Pinselstrichen.

AUF PAPYRUS
Zur Herstellung von Papyrus, dem „Papier“ der alten Ägypter und Assyrer, wurde das Mark der Papyruspflanze in mehreren Schichten übereinander gelegt und zu einem Blatt flach geklopft. Der Schreiber (links) beschreibt eine Schlacht. Der Papyrus (rechts) stammt aus dem Alten Ägypten.

SANFTER DRUCK
Der Faser- oder Filzstift wurde in den 1960er-Jahren erfunden. Die Mine besteht aus saugfähigem Material. Sobald die Spitze der Mine auf das Papier gedrückt wird, fließt Tinte aus der Mine nach vorn.

KUGELRUND
Um 1880 erfand der Amerikaner John H. Loud den Kugelschreiber. Seine heute gebräuchliche Form erhielt er in den 1940er-Jahren durch Ladislaus und Georg Biro. Als Schreibspitze dient eine frei bewegliche Kugel. Die Tinte fließt aus der Mine zur Spitze und wird von der Kugel auf das Papier aufgetragen.

VERSTOPFUNG
Um 1800 wurde in Europa der Füllfederhalter erfunden. Als Tintenbehälter diente ein kleiner Gummischlauch im Inneren einer Metallröhre. Wenn der Tintenfarbstoff nicht fein genug gemahlen war, konnte die Tinte die Feder verstopfen. 1884 erfand Edson Waterman den ersten voll funktionsfähigen Füller.

FEINARBEIT
Die Schreiber des Mittelalters benutzten einfache Federkiele, um ihre reich verzierten Manuskripte anzufertigen. Die Abbildung zeigt einen Bericht über die Krönung Heinrichs von Kastilien im 15. Jh.

GUT GEFEDERT
Bis in die 1960er-Jahre hinein benutzten die Schulkinder einfache Federhalter, die aus einem Holzgriff und auswechselbaren Metallfedern bestanden. Moderne Schreibfedern haben häufig eine sehr harte Metallspitze aus Osmium oder Platin.

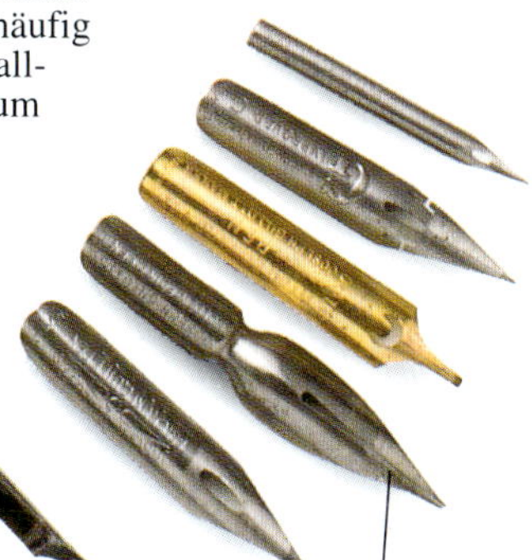

SPITZENLEISTUNG
Federkiele nutzten sich auf dem rauen Papier oder Pergament rasch ab und mussten von Zeit zu Zeit neu gespitzt werden. Im 17. Jh. wurde hierfür eine besondere Zange entwickelt, mit der man die abgenutzte Spitze abschneiden konnte.

Papierherstellung

Früheste Spuren von Papier wurden in China gefunden. Sie stammen etwa aus dem Jahre 100 n.Chr. Die Technik der Papierherstellung gelangte wahrscheinlich von dort über den Nahen Osten nach Europa. Das Papier wurde aus Holz, Pflanzenmark und Lumpen hergestellt. Die Bestandteile wurden in Wasser eingeweicht und zu einem Brei zerstampft.

HANDGESCHÖPFT *rechts*
Mit der Schöpfform, einem mit Draht bespannten Rahmen, schöpfte man das Papier aus der Bütte.

ZUM TROCKNEN AUFGEHÄNGT
Der Bogen wurde dann aus der Form herausgenommen, zwischen Filzen gepresst und schließlich zum Trocknen aufgehängt.

Feuer und Licht

Mit der Entdeckung des Feuers besaß der Mensch gleichzeitig die erste künstliche Lichtquelle, die jedoch schwer zu handhaben war. Vor etwa 20.000 Jahren füllte man Tierfett in ausgehöhlte Steine und entwickelte so die ersten Lampen. Um 10.000 v.Chr. fanden erstmals Dochte aus Pflanzenfasern Verwendung. Als Dochthalter diente zunächst ein einfaches Loch, später ein Schnabel. Vor etwa 2000 Jahren umgab man Dochte einfach mit Wachs oder Talg und erhielt so die ersten Kerzen. Wird der Docht entzündet, so schmilzt das Wachs oder der Talg und dient als Brennstoff. Die Kerze funktioniert also nach dem gleichen Prinzip wie eine Öllampe. Erst im 19. Jahrhundert, mit der Erfindung der Gasbeleuchtung, wurden Kerzen und Öllampen als gebräuchlichste Lichtquellen abgelöst. Die elektrische Beleuchtung ist eine noch jüngere Erfindung.

HÖHLENFEUER
Unsere Vorfahren machten Feuer zum Kochen und um sich zu wärmen. Gleichzeitig benutzten sie es als erste künstliche Lichtquelle zum Ausleuchten der Höhle. Bis zur Reisigfackel war es nur noch ein kleiner Schritt. Jetzt konnte man die Lichtquelle tragen und in dunklen Winkeln der Höhlen anbringen.

SCHNECKENLICHT *rechts*
Mit Öl gefüllte und mit einem Docht versehene Schneckengehäuse werden schon sehr lange als einfache Lampen benutzt. Abgebildet ist eine Schneckenlampe aus dem 19. Jh.

ÖLLAMPE
Tonlampen gibt es seit tausenden von Jahren. Als Brennstoff diente Oliven- oder Rüböl. Die abgebildete Lampe stammt wahrscheinlich aus Ägypten und ist etwa 2000 Jahre alt.

ÜBERDACHT *rechts*
Römische Tonlampen waren oben geschlossen. Kronleuchter aus Lampen mit mehreren Schnäbeln und Dochten erzielten eine größere Leuchtkraft.

AUSGEHÖHLT *links*
Die einfachste Form einer Lampe stellt wohl dieser ausgehöhlte Stein dar. Diese Lampe von den Shetland-Inseln ist nur etwa hundert Jahre alt. Doch Lampen solcher Art aus den Höhlen von Lascaux in Frankreich datieren 15.000 Jahre zurück.

LICHT IST LUXUS
Die ersten Kerzen (vor ca. 2000 Jahren) waren sehr wertvoll. Man tauchte einen Docht in flüssiges Wachs, zog ihn wieder heraus und ließ das Wachs erstarren.

FORMEN
Seit dem 15. Jh. werden Kerzen in Formen gegossen. Dieses einfachere Verfahren setzte sich aber erst nach der Mechanisierung im 19. Jh. gegen das Kerzenziehen durch.

LICHT AUS!
Mit solchen Löschhütchen konnte man Kerzen geruchlos löschen, ohne sich dabei zu verbrennen.

ZUNDER
Vor der Erfindung des Streichholzes benutzte man eine Zunderbüchse zum Feuermachen. Dazu schlug man mit einem Feuerstein gegen ein Stück Metall und der entstehende Funke entzündete den Zunder in der Büchse.

ZUBEHÖR
Mit einer Öllampe verbesserte man auch das Zubehör. Diese Dochtschere schneidet die Spitze des Dochts ab und fängt sie in einem Behälter auf.

BIENENWACHS
Das Bienenwachs aus einem Bienenstock kann man aufrollen. Man erhält so auf einfache Weise eine Kerze.

VERDREHT *links*
Bei diesem Kerzenständer mit Spiralmechanismus kann man durch Verdrehen des Griffs die Höhe der Kerze verstellen, wenn sie ein Stück heruntergebrannt ist.

AUF DER STRASSE *oben*
Die erste Straßenbeleuchtung wurde 1667 in Paris entzündet. Der Laternenanzünder musste zu diesem Zweck auf eine Leiter steigen.

LICHTSTÄRKE *oben*
Eine einzige Kerze (lat: candela) hat die Lichtstärke 1 Candela (cd).

BESCHÜTZER
In einer Laterne ist die Kerzenflamme vor Wind und Wetter geschützt.

Zeitmessung

Die Kenntnis der Tages- und Jahreszeit war für unsere Vorfahren schon immer von Bedeutung. Vor etwa 3000 Jahren nutzten ägyptische Astronomen die Wanderung der Sonne aus, um die Zeit sehr genau zu bestimmen. Bei der ägyptischen Sonnenuhr fiel ein Schatten auf eine Markierung und zeigte so die Zeit an. Andere frühe Zeitmesser beruhten auf dem gleichmäßigen Abbrennen einer Kerze oder dem stetigen Heraustropfen von Wasser aus einem Gefäß. Bei den ersten mechanischen Uhren sorgte eine horizontal pendelnde Metallstange, die sog. Waag, für eine gleichmäßige Zeigerbewegung. Später dienten Pendel als Regulatoren. Die Hemmung übertrug die gleichmäßige Pendelbewegung auf das Räderwerk und die Zeiger.

STUNDENBUCH
In mittelalterlichen Stundenbüchern wird das Leben der Bauern in den verschiedenen Monaten gezeigt. Der Wechsel der Jahreszeiten war für die Menschen auf dem Lande sehr wichtig. Rechts sieht man das Bild für den Monat März aus *Très Riches Heures* des Duc du Berry.

EIN MASS FÜR DIE ZEIT
Dieser ägyptische Maßstab diente zur Beobachtung der Sterne, anhand deren Bahnen die Zeit gemessen werden konnte. Er ist mehr als 2000 Jahre alt und gehörte einem Priester und Astronomen namens Bes.

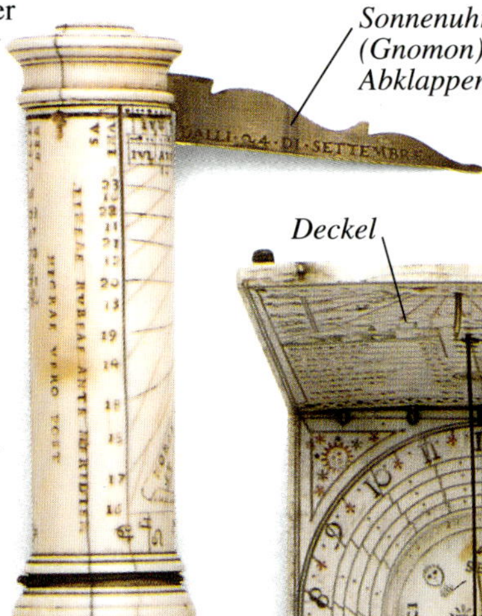

Sonnenuhrzeiger (Gnomon) zum Abklappen

JAHRESZEIT
Diese kleine Sonnenuhr aus Elfenbein hat einen Zeiger für den Sommer und einen für den Winter.

Deckel

Faden als Zeiger

PRAKTISCHE SONNENUHR *rechts*
Diese zusammenklappbare Sonnenuhr aus Deutschland hat einen je nach Breitengrad verstellbaren Faden als Zeiger. Die beiden kleinen Zifferblätter zeigen babylonische und italienische Stunden an. Außerdem werden die Tageslänge und die Position der Sonne im Tierkreis angezeigt.

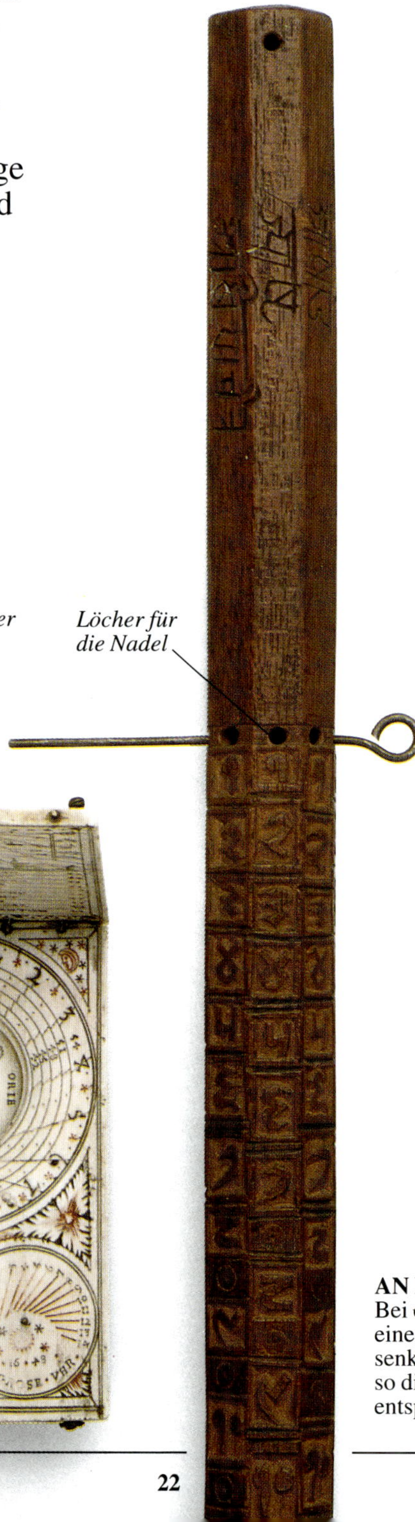

Löcher für die Nadel

AN DER SCHWELLE DER ZEIT
Bei dieser Sonnenuhr aus Tibet wirft eine Nadel ihren Schatten auf den senkrecht gehaltenen Stock und zeigt so die Zeit an. Die Nadel kann man entsprechend der Jahreszeit verstellen.

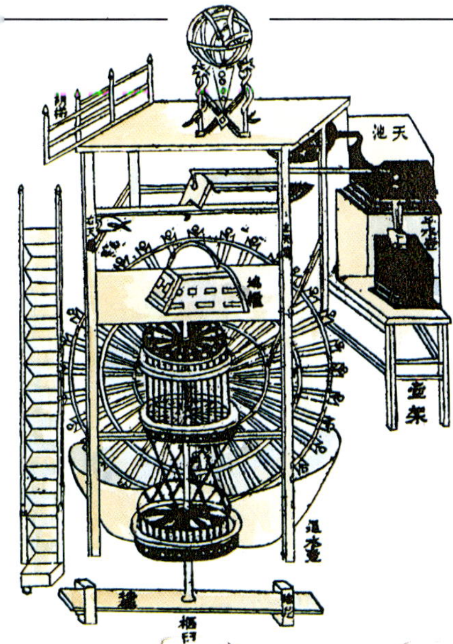

WASSERUHR
Die Wasseruhr des Su Sung wurde im Jahre 1088 gebaut. Sie befand sich in einem zehn Meter hohen Turm und wurde von einem Wasserrad angetrieben. Die Zeit zeigte sie durch Glocken-, Gong- oder Trommelschläge an.

SCHWERE ZEITEN
Bei dieser alten japanischen Uhr dient ein drehbarer Waagebalken als Regulator. Durch Verschieben der kleinen Gewichte kann man die Geschwindigkeit genau einstellen. Die Uhr hat nur einen Stundenzeiger. Minutenzeiger waren unüblich, bis der holländische Naturwissenschaftler Christiaan Huygens 1657 die erste Pendeluhr entwickelte.

CHRISTIAAN HUYGENS
Dieser holländische Wissenschaftler entwickelte Mitte des 17. Jh.s die erste Pendeluhr.

TASCHENUHR
Bis zum 15. Jh. wurden die Uhren durch Gewichte angetrieben. Sie waren fest an ihren Standort gebunden. Mit der Einführung des Federantriebs konnte man tragbare Uhren bauen, die jedoch recht ungenau waren. Im Bild ist eine Taschenuhr aus dem 17. Jh. zu sehen.

KAMINUHR *unten*
Solche Uhren stellte man im 17. Jh. her. Dieses Exemplar stammt von dem berühmten englischen Uhrmacher Thomas Tompion. Man kann die Geschwindigkeit regulieren und das Schlagwerk an- oder abschalten.

DIE RUHE IST DAHIN
1675 erfand Christiaan Huygens die Unruh. Sie ermöglichte den Bau sehr genau gehender Uhren. Thomas Tompion, der die hier gezeigte Taschenuhr anfertigte, brachte die Unruh nach England und machte das Land damit zu einer führenden Uhrmachernation.

DIE ZEIT VERRINNT *oben*
Die Sanduhr wurde im Mittelalter, um 1300, erfunden. Die Abbildung zeigt allerdings ein jüngeres Exemplar. Der Sand rinnt durch eine enge Öffnung von einem Glasgefäß in ein anderes und benötigt dafür eine ganz bestimmte Zeit.

Energiequellen

Seit jeher hat der Mensch versucht sich mit Hilfe natürlicher Energiequellen Arbeitserleichterungen zu schaffen. Zunächst verstärkte man die menschliche Muskelkraft durch einfache mechanische Maschinen wie Flaschenzüge oder Tretmühlen. Auch die Muskelkraft von Haustieren wie Pferden, Maultieren oder Ochsen, die die eigene Kraft weit übertraf, lernte der Mensch bald zu nutzen. Die Tiere mussten schwere Lasten ziehen oder Tretmühlen betätigen. Andere natürliche Energiequellen waren Wind und Wasser. Schon vor etwa 5000 Jahren bauten die Ägypter die ersten Segelschiffe. Im 1. Jahrhundert v.Chr. mahlten die Römer ihr Getreide mit wasserbetriebenen Mühlen. Bis heute ist die Wasserkraft eine wichtige Energiequelle geblieben. Im Mittelalter begann man in Europa Windmühlen als Getreidemühlen einzusetzen.

MUSKELKRAFT
In der Arktis sind Schlittenhunde noch heute wichtige Zugtiere. Auf der übrigen Welt nahm von jeher das Pferd diese Rolle ein. Pferde mussten auch einfache Maschinen wie Mühlen und Pumpen antreiben.

DIE BOCKMÜHLE
Das Gehäuse der Bockmühle war drehbar auf einem Bock angebracht und konnte nach dem Wind ausgerichtet werden. Solche Mühlen waren aus Holz gebaut und konnten bei Sturm leicht zusammenbrechen.

HEBT AN!
Dieser Kran wurde im 15. Jh. im belgischen Brügge über ein Tretrad mit menschlicher Muskelkraft betrieben. Frühformen der Industrie arbeiteten mit solchen und anderen einfachen Maschinen wie Hebeln und Flaschenzügen. Es ist überliefert, dass der griechische Wissenschaftler Archimedes um 250 v.Chr. mithilfe von Flaschenzügen ein großes Schiff allein ziehen konnte.

WASSER AUF DIE MÜHLEN
Die Römer benutzten seit etwa 70 v.Chr. wasserbetriebene Getreidemühlen. Beim unterschlächtigen Mühlrad fließt das Wasser unter dem Rad durch, beim oberschlächtigen Zellenrad fließt es über das Rad, wobei zusätzlich zur Strömung das Gewicht des Wassers ausgenutzt wird.

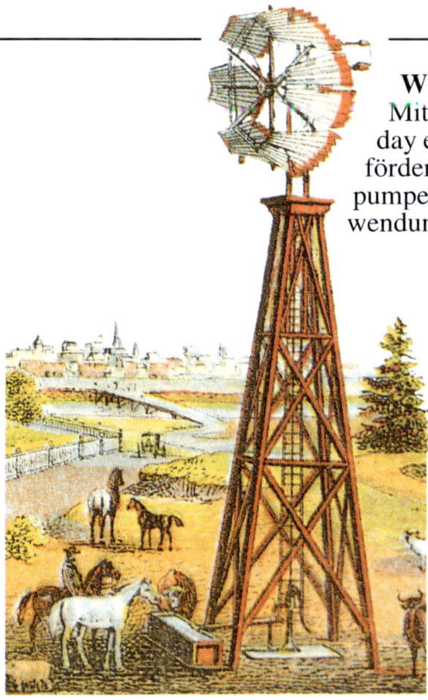

WINDPUMPE *links*
Mitte des 19. Jh.s stellte Halladay ein Windrad zur Wasserförderung vor. Ähnliche Windpumpen finden noch heute Verwendung.

VIELSEITIG
Im Mittelalter trieben Wasserräder Walkmaschinen oder die Belüftung von Hochöfen an, später auch die ersten Industriemaschinen.

IM INNEREN EINER BOCKMÜHLE *rechts*
Die Windmühlenflügel treiben eine Welle mit einem großen Zahnrad an, dem Kammrad. Dieses greift in ein anderes Zahnrad, den Trilling, der das Mühleisen mit dem Läuferstein antreibt.

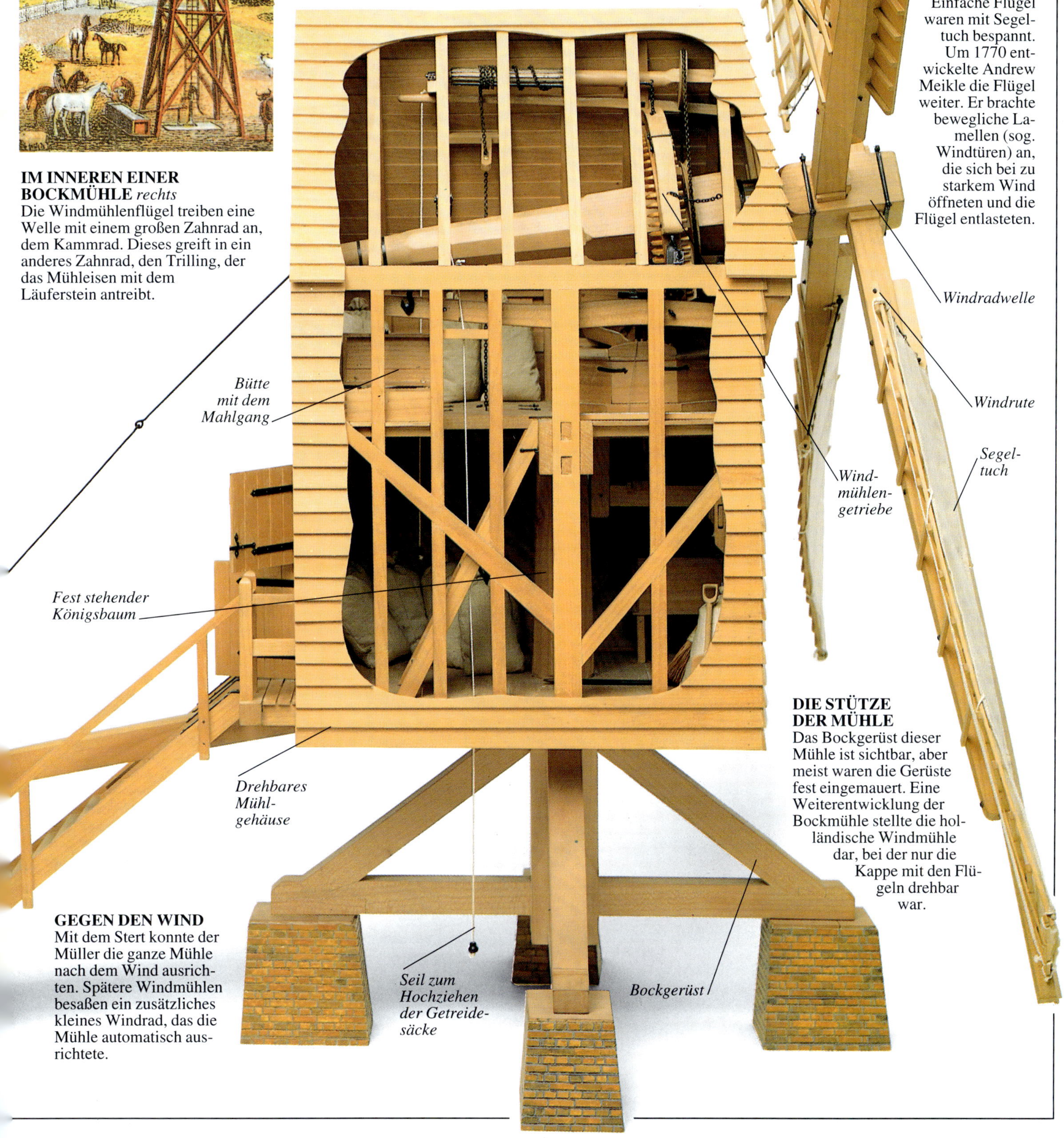

FLÜGEL
Einfache Flügel waren mit Segeltuch bespannt. Um 1770 entwickelte Andrew Meikle die Flügel weiter. Er brachte bewegliche Lamellen (sog. Windtüren) an, die sich bei zu starkem Wind öffneten und die Flügel entlasteten.

DIE STÜTZE DER MÜHLE
Das Bockgerüst dieser Mühle ist sichtbar, aber meist waren die Gerüste fest eingemauert. Eine Weiterentwicklung der Bockmühle stellte die holländische Windmühle dar, bei der nur die Kappe mit den Flügeln drehbar war.

GEGEN DEN WIND
Mit dem Stert konnte der Müller die ganze Mühle nach dem Wind ausrichten. Spätere Windmühlen besaßen ein zusätzliches kleines Windrad, das die Mühle automatisch ausrichtete.

Buchdruck

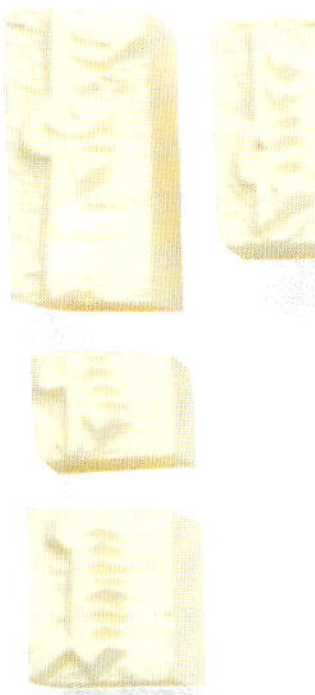

ALTE TYPEN
Die Chinesen verwendeten als Erste Typen mit einzelnen Schriftzeichen. Dies sind alte türkische Lettern.

Vor der Erfindung des Buchdrucks musste jedes einzelne Buchexemplar mit der Hand abgeschrieben werden. Daher waren Bücher selten und sehr teuer. Im 6. Jahrhundert begannen Chinesen und Japaner Bücher zu drucken. Sie schnitzten Schriftzeichen der Bilder in Blöcke aus Holz, Ton oder Elfenbein. Tauchte man solche Stempel in Tinte und presste sie dann auf ein Blatt Papier, so erschien ein Abdruck der erhabenen Teile des Stempels. Man bezeichnet diese Technik als Hochdruck. Den größten Fortschritt in der Drucktechnik bedeutete die Erfindung der beweglichen Lettern, einzelner Buchstaben, die für jeden Druckvorgang neu zusammengesetzt werden konnten. In China nutzte man dieses Verfahren bereits im 11. Jahrhundert, in Europa wurde es im 15. Jahrhundert bekannt. Johannes Gutenberg goss die einzelnen Lettern aus Metall. So konnte er mit einer einzigen Form große Mengen von Buchstaben herstellen. Diese Drucktechnik verbreitete sich schnell in ganz Europa.

Diese alte japanische Druckform aus Holz enthält eine ganze Textpassage.

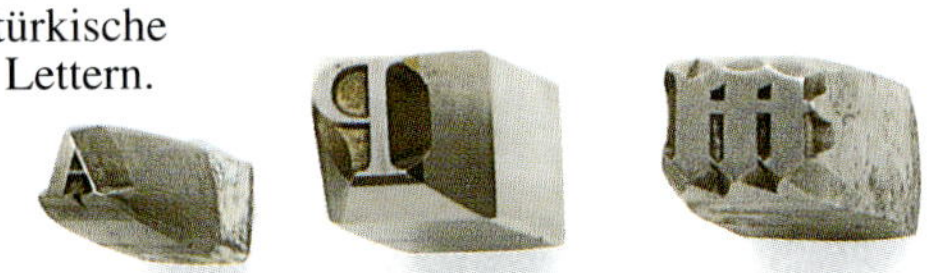

SCHRIFTSTEMPEL
Gutenberg drückte einen spiegelverkehrten Hartmetallstempel in weicheres Metall. Ergebnis: die Gussform.

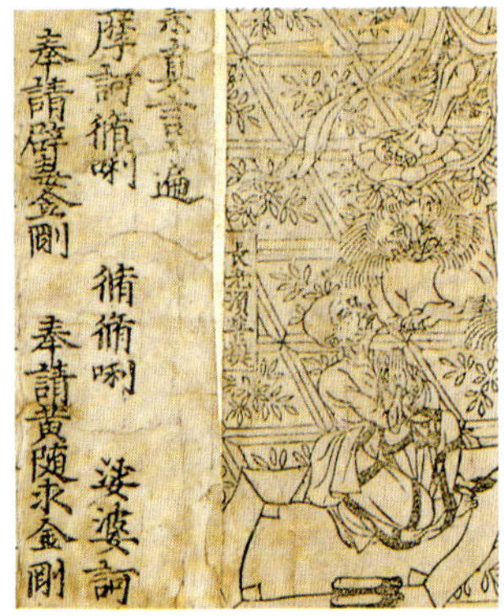

AUS DEM ORIENT
Dieses frühe chinesische Buch wurde bereits mit beweglichen Typen aus Holz gedruckt.

Form für die Lettern

GUT IN FORM
Die Formen für die einzelnen Lettern heißen Matrizen.

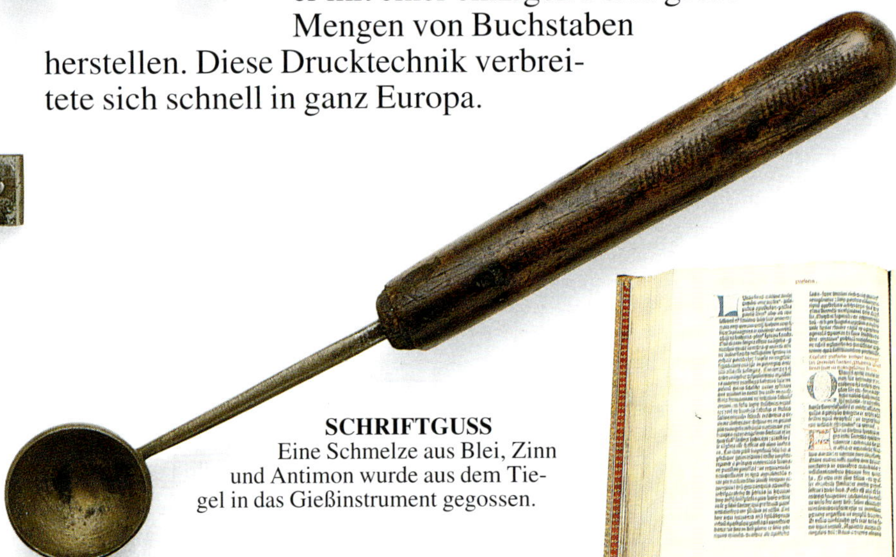

SCHRIFTGUSS
Eine Schmelze aus Blei, Zinn und Antimon wurde aus dem Tiegel in das Gießinstrument gegossen.

DIE GUTENBERGBIBEL
1455 druckte Gutenberg das erste umfangreiche Buch, eine Bibel, die noch heute als Meisterwerk der Druckkunst gilt.

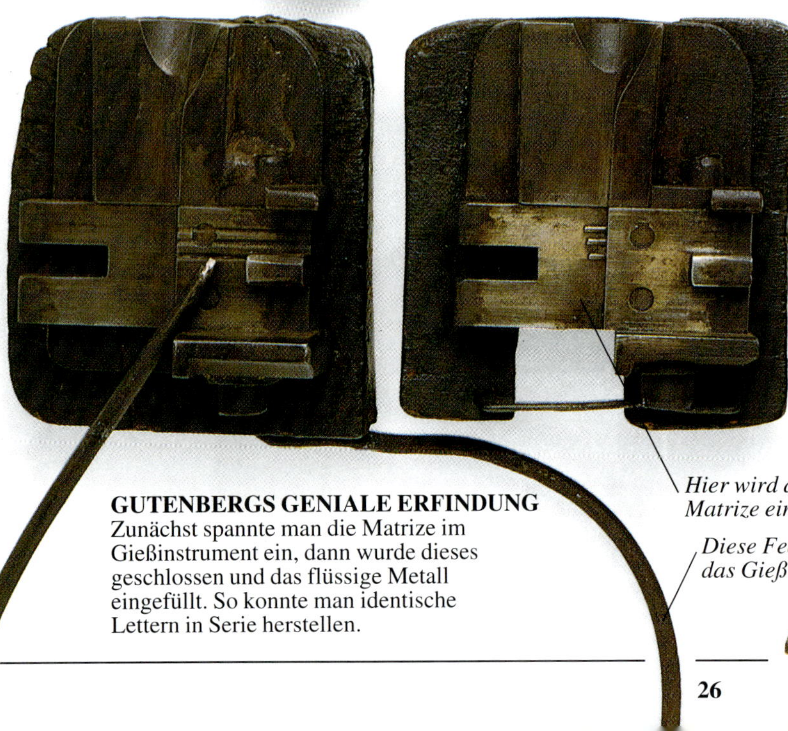

GUTENBERGS GENIALE ERFINDUNG
Zunächst spannte man die Matrize im Gießinstrument ein, dann wurde dieses geschlossen und das flüssige Metall eingefüllt. So konnte man identische Lettern in Serie herstellen.

LETZTER SCHLIFF
Mit einem solchen Hobel konnte man die einzelnen Lettern auf gleiche Länge bringen.

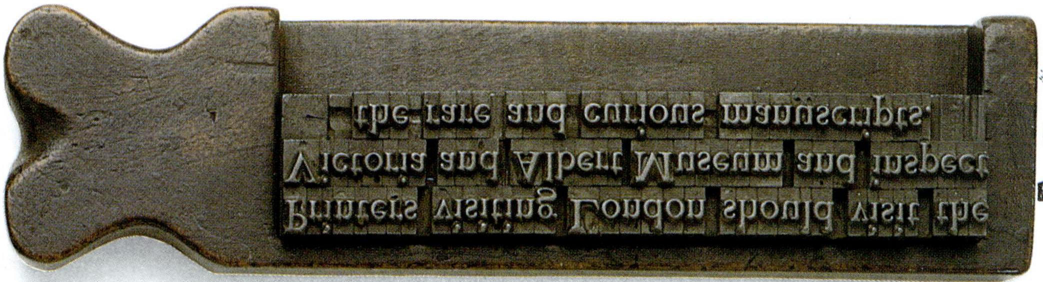

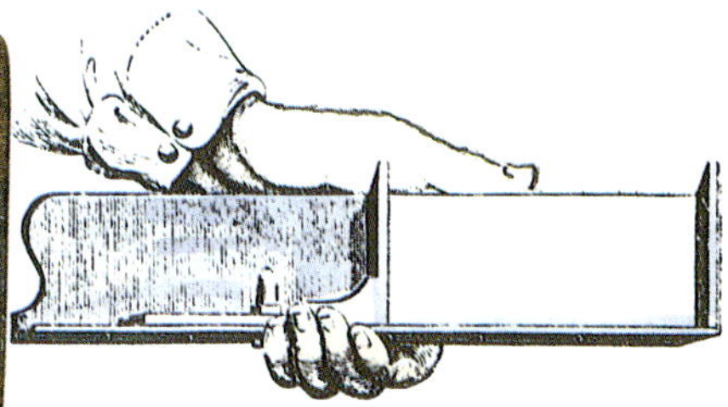

SPIEGELSCHRIFT *oben*
Mit dem Winkelhaken reiht der Setzer die Lettern zu Wörtern und Sätzen. Das Setzen erfolgt spiegelverkehrt von links nach rechts, damit beim Drucken ein seitenrichtiges Abbild entsteht.

WORTZWISCHENRÄUME *unten*
Bei diesem modernen Winkelhaken wird kleineres Blindmaterial zwischen die einzelnen Wörter geschoben, um diese im richtigen Abstand zu halten. Dieses Blindmaterial ist niedriger als die Type und hinterlässt keinen Abdruck.

So wurde der Winkelhaken in der Hand gehalten.

Type

Blindmaterial

„Frosch" zum Einstellen der Zeilenlänge

Setzer beim Handsatz

GUTENBERGS WERKSTATT
Um 1438 erfand der deutsche Goldschmied Johannes Gutenberg bewegliche Lettern aus gegossenem Metall. Auf dem Bild sieht man Drucker an der Handpresse in Gutenbergs Werkstatt. Die bedruckten Seiten wurden nach dem Druck zum Trocknen aufgehängt.

Diese Schrauben halten die Druckform zusammen.

Druckform für einen Druckbogen

FEST ZUSAMMEN
Wenn der Schriftsatz fertig war, wurde er in die Druckform gespannt. Diese wurde in die Presse eingeschoben, mit Farbe bestrichen und der eigentliche Druckvorgang konnte beginnen.

Optische Geräte

Alle optischen Geräte beruhen auf dem Prinzip der Lichtbrechung. Wenn Licht von einem Medium in ein anderes übertritt, z.B. von Luft in Wasser oder Glas, wird es um einen bestimmten Winkel abgelenkt, die Physiker sagen „gebrochen". Die Chinesen kannten bereits im 10. Jahrhundert das Brechungsverhalten gewölbter Glaskörper (Linsen). In Europa begann man im 13. und 14. Jahrhundert Linsen zur Verbesserung der Sehkraft zu verwenden – die ersten Brillen tauchten auf. Wenig später benutzte man Spiegel aus glänzendem Metall beim Schminken und Frisieren, doch erst im 17. Jahrhundert wurden leistungsfähige optische Geräte entwickelt, die in der Lage waren große Entfernungen scheinbar zu verkleinern oder kleinste Details viel größer erscheinen zu lassen. Das Teleskop tauchte um 1600 auf und das Mikroskop wurde um 1650 erfunden.

AUS DER FERNE
Das Fernrohr ist sicherlich mehr als einmal erfunden worden. Wenn jemand zwei Linsen hintereinander hielt, schienen entfernte Gegenstände näher zu rücken.

TRÜBE SICHT
Seit mehr als 700 Jahren benutzt man Linsenpaare zur Korrektur von Sehfehlern. Brillen dienten anfangs nur als Lesehilfen und wurden bei Gebrauch einfach auf die Nase geklemmt, wie es im Bild zu sehen ist. Brillen zur Behebung von Kurzsichtigkeit tauchten erstmals um 1450 auf.

Brille aus dem 17. Jh.

GLASAUGEN?
Konvexe (nach außen gewölbte) Linsen waren bereits im 10. Jh. in China bekannt. Zur Korrektur von Sehfehlern verwendete man sie erstmals in Europa. Diese Lupen aus dem 17. Jh. bestehen aus konvexen Linsen.

Glas des 17. Jh.s war ofmals farbig.

Tubus mit Lederüberzug

Okulardeckel

STERNGUCKER
Der berühmte italienische Naturwissenschaftler Galileo Galilei beobachtete als Erster den Himmel mit einem Fernrohr (Teleskop). Diese Kopie eines seiner Teleskope hat am vorderen Ende eine konvexe und am hinteren eine konkave (nach innen gewölbte) Linse.

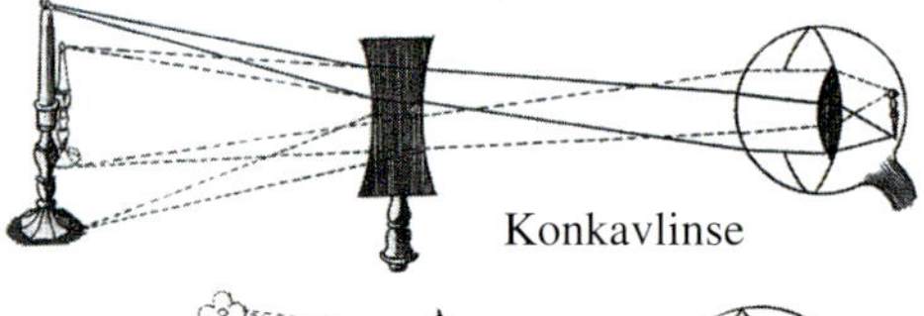

Konkavlinse

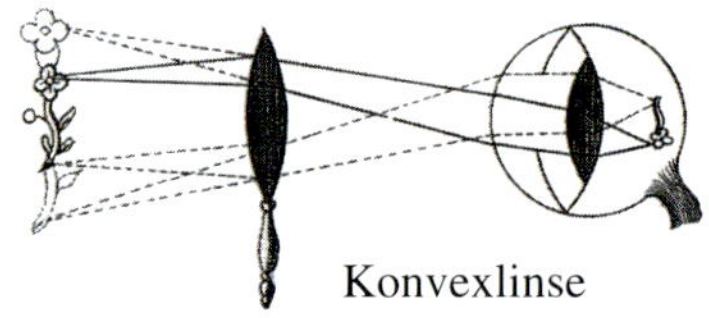

Konvexlinse

ROSAROTE BRILLE?
Die ersten Fernrohre, wie dieses englische Teleskop aus dem 18. Jh., erzeugten ein Bild mit verschwommenen, farbigen Rändern, weil die Linsen die einzelnen Farben des Lichts unterschiedlich beugten. 1733 behob Chester Moor Hall diesen Fehler. Er fertigte die Hauptlinse aus zwei verschiedenen Glassorten, deren Bildverzerrungen sich gegenseitig aufhoben

ANTOINE VAN LEEUWENHOEK (1632–1723) *links*
Der Holländer Leeuwenhoek konstruierte mit selbst geschliffenen Linsen ein einfaches Mikroskop, mit dem er eine 270fache Vergrößerung erzielte. Er untersuchte damit die Natur im Kleinen und entdeckte winzige Lebewesen in einem Wassertropfen.

ZUSAMMENARBEIT *oben*
Dieses Mikroskop besitzt zwei Linsen. Das Objektiv vergrößert das beobachtete Objekt; das Okular vergrößert das Bild des Objektivs zusätzlich.

SPIEGELBILD
Das Spiegelteleskop besitzt eine verspiegelte Linse. Es gibt keine Farbverfälschungen und der Tubus kann kürzer sein als beim herkömmlichen Fernrohr. Dieses Modell besitzt zwei Spiegel und ein Okular.

Taschenteleskop aus dem 18.Jh.

ABKÜRZUNG
Montiert man zwei Teleskope nebeneinander, so erhält man ein Fernglas wie dieses emaillierte, perlmuttverzierte Opernglas (19. Jh.). Um 1880 wurde das Prismenglas erfunden. Das Prisma „faltet“ den Strahlengang im Fernglas; so erzielt man mit einem kürzeren Rohr die gleiche Vergrößerung wie mit einem langen Teleskop.

ES STEHT IN DEN STERNEN
Mittels Quadranten und Lot an diesem Teleskop (17. Jh.) konnte der Astronom die genaue Position von Himmelsobjekten bestimmen.

SPION
Im 18. Jh. beobachtete man sich in Adelskreisen gegenseitig mit solchen kleinen Teleskopen. Im Tubus befindet sich ein Spiegel, sodass man bei geradeaus gerichtetem Rohr andere unbemerkt durch ein seitlich angebrachtes Loch beobachten konnte.

Rechenmaschinen

Gezählt haben schon unsere entfernten Vorfahren in der Steinzeit. Doch mit dem Aufkommen des Tauschhandels gewann das Rechnen zunehmend an Bedeutung. Als Rechenhilfen benutzte man zunächst die eigenen Finger und Zehen oder kleine Kieselsteine. Vor etwa 5000 Jahren rechneten die Mesopotamier mit dem Staubbrett. Sie zogen Furchen in den Boden, in die sie Kieselsteine legten. Diese bewegten sie zum Rechnen von einer Furche in eine andere. Der Abakus der Chinesen und Japaner funktionierte nach dem gleichen Prinzip. Die verschiedenen Kugeln standen dabei für Hunderter-, Zehner- und Einerstellen. Eine Weiterentwicklung der Rechenhilfen erfolgte erst sehr viel später durch die Entdeckung der Logarithmen und die Erfindung des Rechenschiebers sowie der ersten mechanischen Rechenmaschinen im 17. Jahrhundert.

DER ABAKUS
Beim chinesischen Abakus befinden sich fünf Perlen auf jeder Stange im unteren Teil und jeweils zwei im oberen Teil. Die unteren Perlen haben den Wert 1, die oberen den Wert 5. In China ist der Abakus noch heute gebräuchlich.

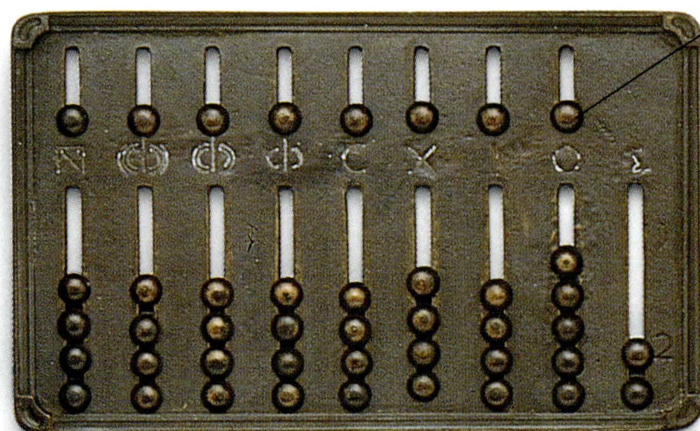

Die oberen Kugeln haben den fünffachen Wert der unteren.

TASCHENRECHNER
Die alten Römer benutzten ein ähnliches Rechenbrett wie die Chinesen. Im oberen Teil hatte es in jeder Reihe eine Kugel vom fünffachen Wert der Kugeln im unteren Teil. Dies ist eine Kopie eines kleinen römischen Abakus aus Messing.

MIT DEM ABAKUS
Bei entsprechender Übung kann man mit einem Abakus sehr schnell rechnen. Deshalb ist das Rechenbrett auch in unserem elektronischen Zeitalter in China und Japan noch sehr beliebt.

MIT BERECHNUNG
Als im Mittelalter Handelsverbindungen über ganz Europa aufgebaut wurden, war das Rechnen eine der wichtigsten Fähigkeiten der Kaufleute. Dieser flämische Kaufmann addiert das Gewicht mehrerer Goldmünzen.

Kerben

AUF DEM KERBHOLZ
Bei Vertragsabschlüssen ritzte man die ausgehandelten Beträge als Zahlensymbole (Kerbzahlen) in ein Kerbholz. Dieses wurde dann der Länge nach gespalten. Jeder Vertragspartner erhielt eine Hälfte.

LOGARITHMEN
Durch Addition ihrer Logarithmen kann man zwei Zahlen multiplizieren. Nach diesem Prinzip arbeitet auch der Rechenschieber.

Parallele Skalen

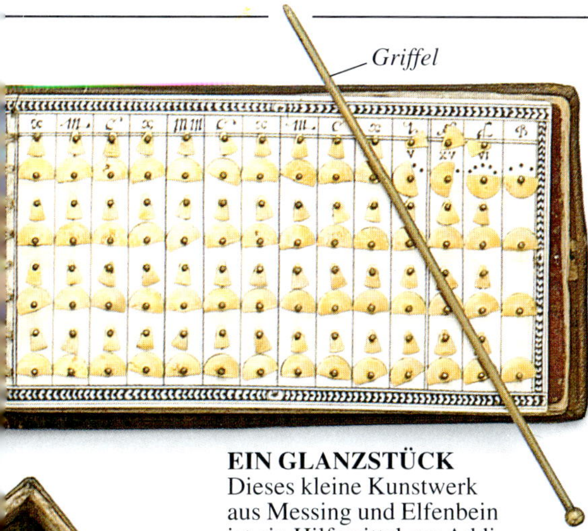

EIN GLANZSTÜCK
Dieses kleine Kunstwerk aus Messing und Elfenbein ist ein Hilfsmittel zur Addition und Subtraktion. Es wurde 1616 von William Pratt angefertigt. Mit einem Griffel dreht man an kleinen Rädern, auf denen Zahlen stehen.

NAPIER'SCHE STÄBCHEN
Jedes dieser Stäbchen ist mit den Ziffern 1 bis 9 versehen. Die Zahlen auf den Längsseiten sind Vielfache der Zahlen am Ende der Stäbchen. Um die Vielfachen einer Zahl x herauszufinden, legte man die Stäbchen mit x am Ende nebeneinander und addierte die benachbarten Zahlen auf den Längsseiten (John Napier, 17. Jh.).

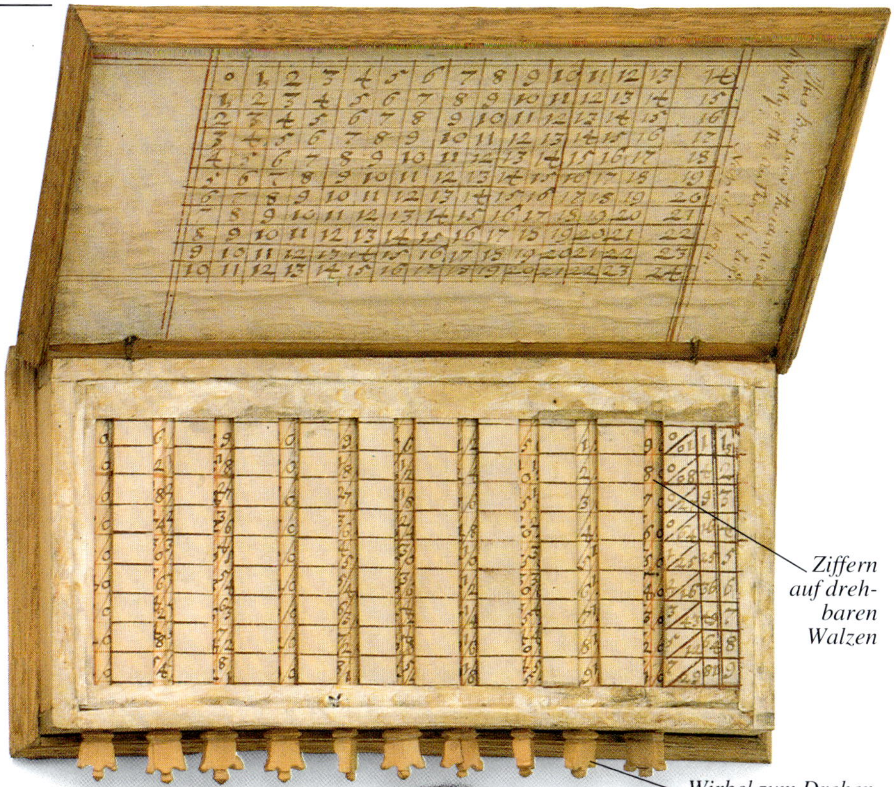

IMMER KOMPLETT
Diese Rechenhilfe beruht auf dem gleichen Prinzip wie die Napier'schen Stäbchen. Die Ziffern stehen jedoch auf eingebauten, drehbaren Walzen, sodass man keine Einzelteile verlieren kann.

Blaise Pascal

KILOMETER-ZÄHLERPRINZIP
Bei der von Pascal 1642 gebauten Rechenmaschine waren eine Reihe von Zahnrädern mit Ziffern in ebenfalls mit Zahlen versehenen Ringen angebracht. Man stellte die zu addierenden oder subtrahierenden Zahlen ein, das Ergebnis erschien in einem Fenster.

Die Dampfmaschine

Dampfmaschine des Heron von Alexandria

Schon im ersten nachchristlichen Jahrhundert entdeckten griechische Naturwissenschaftler, dass man aus Dampf Energie freisetzen konnte. Die Griechen nutzten die Dampfkraft jedoch noch nicht, um Maschinen anzutreiben. Erst im ausgehenden 17. Jahrhundert bauten Ingenieure wie der Marquis von Worcester und Thomas Savery die ersten Dampfmaschinen. Saverys Maschine war eine Wasserpumpe, die im Bergbau eingesetzt wurde. Die erste wirklich brauchbare Dampfmaschine stammt aus dem Jahr 1712 und wurde von Thomas Newcomen konstruiert. Der schottische Ingenieur James Watt verbesserte Newcomens Dampfmaschine, indem er einen vom Zylinder getrennten Kondensator verwendete. So sparte er Energie, weil der Zylinder nicht mehr abwechselnd erhitzt und gekühlt werden musste. Die verbesserten Maschinen bewegten den Kolben nun mit Dampfkraft in beide Richtungen, was zusätzliche Leistung bedeutete. In den meisten Fabriken und im Bergbau wurden nun Maschinen mit Dampfkraft betrieben. Die spätere Hochdruckmaschine fand dann als Antrieb für Lokomotiven und Schiffe Verwendung.

GRIECHISCHE DAMPFKRAFT
Im 1. Jh.n.Chr. erfand Heron von Alexandria eine einfache Dampfmaschine, die nach dem Prinzip des Düsenantriebs funktionierte. In einer Kugel wurde Wasser zum Sieden gebracht, bis der aus den gebogenen Düsen austretende Dampf die Kugel in Rotation versetzte. Herons Idee kam jedoch nie zum praktischen Einsatz.

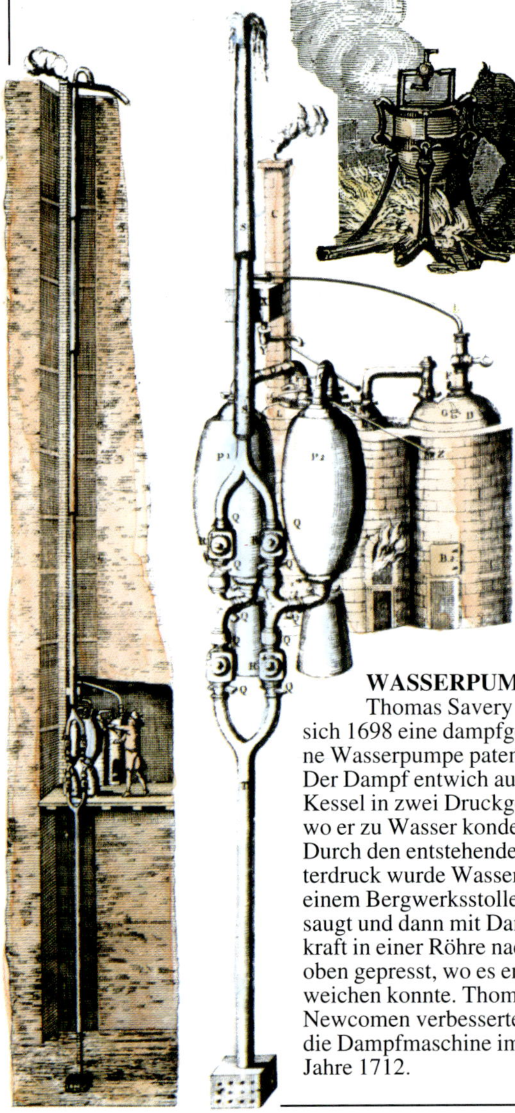

WASSERPUMPE
Thomas Savery ließ sich 1698 eine dampfgetriebene Wasserpumpe patentieren. Der Dampf entwich aus dem Kessel in zwei Druckgefäße, wo er zu Wasser kondensierte. Durch den entstehenden Unterdruck wurde Wasser aus einem Bergwerksstollen gesaugt und dann mit Dampfkraft in einer Röhre nach oben gepresst, wo es entweichen konnte. Thomas Newcomen verbesserte die Dampfmaschine im Jahre 1712.

DIE BALANCIER-DAMPFMASCHINE

Bei Newcomens Dampfmaschine bewegte sich ein großer Waagebalken auf und ab und übertrug die Kraft des Kolbens, der sich in einem Zylinder bewegte. Hob sich der Kolben, trat Dampf in den Zylinder ein und kondensierte, der Luftdruck drückte den Kolben zurück. James Watt gelangen entscheidende Verbesserungen.

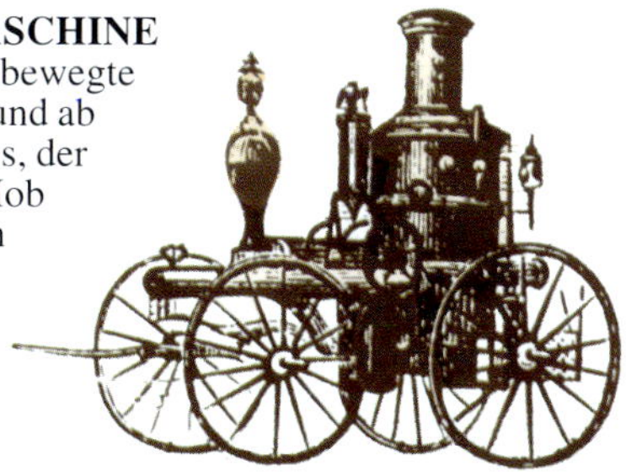

AUF ACHSE

Der englische Bergbauingenieur Richard Trevithick (1771–1833) entwickelte 1804 eine kleine Hochdruck-Dampfmaschine, mit der er erstmals eine Dampflokomotive antrieb. George Stephenson (1781–1848) baute seine erste Dampflokomotive *Blücher* 1814. Das Nachfolgemodell, die *Rocket*, war mit einer Höchstgeschwindigkeit von 47 km/h als erstes Fahrzeug schneller als ein Pferd.

GUTER ANSCHLUSS *unten*
Die Reisenden konnten ihre Kutsche auf den Zug verladen und von der Endstation des Zuges damit weiterreisen.

AUF SEE

Das erste Dampfschiff, das den Atlantik überquerte, war die *Savannah*. 1819 fuhr sie in 21 Tagen von New York nach Liverpool. Wie die meisten der frühen Dampfschiffe hatte sie zusätzlich zum Dampfantrieb Segel. Für Passagiere oder Fracht blieb nur wenig Raum, weil der Treibstoffvorrat sehr viel Platz benötigte. Das erste Schiff, das ausschließlich mit Dampfkraft betrieben wurde, war die *Sirius*, die 1838 erstmals den Ärmelkanal überquerte.

Navigation und Vermessung

Die Geburtsstunde der Navigation liegt vermutlich in der Zeit, als Ägypter und Babylonier vor etwa 5000 Jahren begannen die Flüsse Nil und Euphrat als Handelswege zu benutzen. Navigieren gewann an Bedeutung, als man anfing mit Schiffen große Strecken zurückzulegen. Auch in der Vermessungstechnik waren die Ägypter Vorreiter, ohne Kenntnisse in der Vermessung wäre der Bau der Pyramiden unmöglich gewesen. Navigation und Vermessung sind verwandte Disziplinen, denn beide haben die Errechnung großer Strecken durch das Messen von Winkeln zum Gegenstand. Seit etwa 500 v.Chr. betrieben zunächst die Griechen, später auch Araber und Inder Astronomie, Geometrie und Trigonometrie als Wissenschaften und entwickelten Messinstrumente wie das Astrolabium oder den Kompass. Erst die Kenntnisse über die Bahnen der Himmelskörper und über die Verhältnisse von Winkeln und Strecken ermöglichten den mittelalterlichen Seefahrern die Orientierung auf offener See. Die Römer benutzten erstmals Instrumente zur präzisen Vermessung und die Architekten der Renaissance erfanden den Theodoliten, das bis heute wichtigste Vermessungsinstrument.

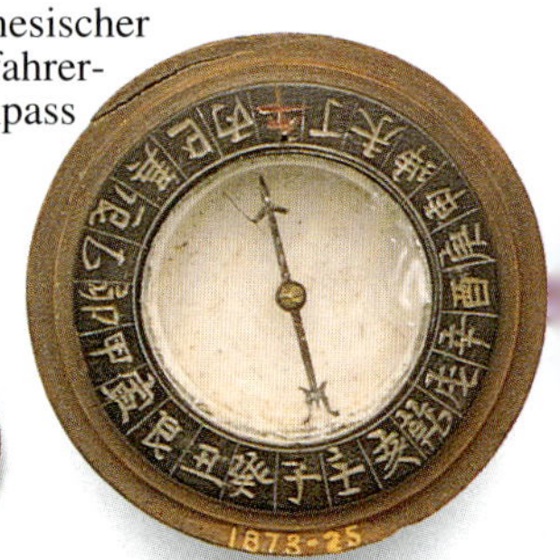

Chinesischer Seefahrerkompass

Englischer Kompass

DIE RICHTUNG STIMMT
Der Magnetkompass tauchte in Europa erstmals um 1200 auf. Die Chinesen wiesen wahrscheinlich bereits 1000 Jahre zuvor das Magnetfeld der Erde nach, indem sie einen Magneteisenstein frei drehbar aufhängten.

Die Steine hängen an rechtwinklig zueinander angebrachten Latten.

RECHTWINKLIG *oben*
Die ägyptische Groma, ein frühes Vermessungsinstrument, konnte nur in ebenem Gelände verwendet werden. Sie diente zur Markierung von Geländepunkten in einem rechtwinkligen Koordinatensystem.

Drehbarer Arm (Alhidade)

DER OKTANT
Der englische Seefahrer John Hadley erfand 1731 den Oktanten (hier ein Oktant von ca. 1750). Das Gerät dient zur Messung der Höhe der Sonne, des Mondes oder anderer Himmelskörper über dem Horizont. So kann man die eigene Position ermitteln.

Handgriff

Markierung aus Messing

Kettenglied

AN DER KETTE
Zum Vermessen langer Strecken verwendete man Seile, Ketten, Bänder und Latten. Um 1620 entwickelte Edmund Gunter diese Kette zur Landvermessung. Sie ist 20 m lang und besteht aus 100 Gliedern. In regelmäßigen Abständen befinden sich Markierungen.

MESSGERÄTE *oben*
Vermesser und Navigatoren des Mittelalters benutzten Instrumente wie das Astrolabium (rechts unten), die Messlatte (rechts oben) und den Kompass (links). Das Astrolabium wurde im 5. Jh. in Arabien aus astronomischen Instrumenten der alten Griechen entwickelt, die ursprünglich zur Zeitmessung dienten.

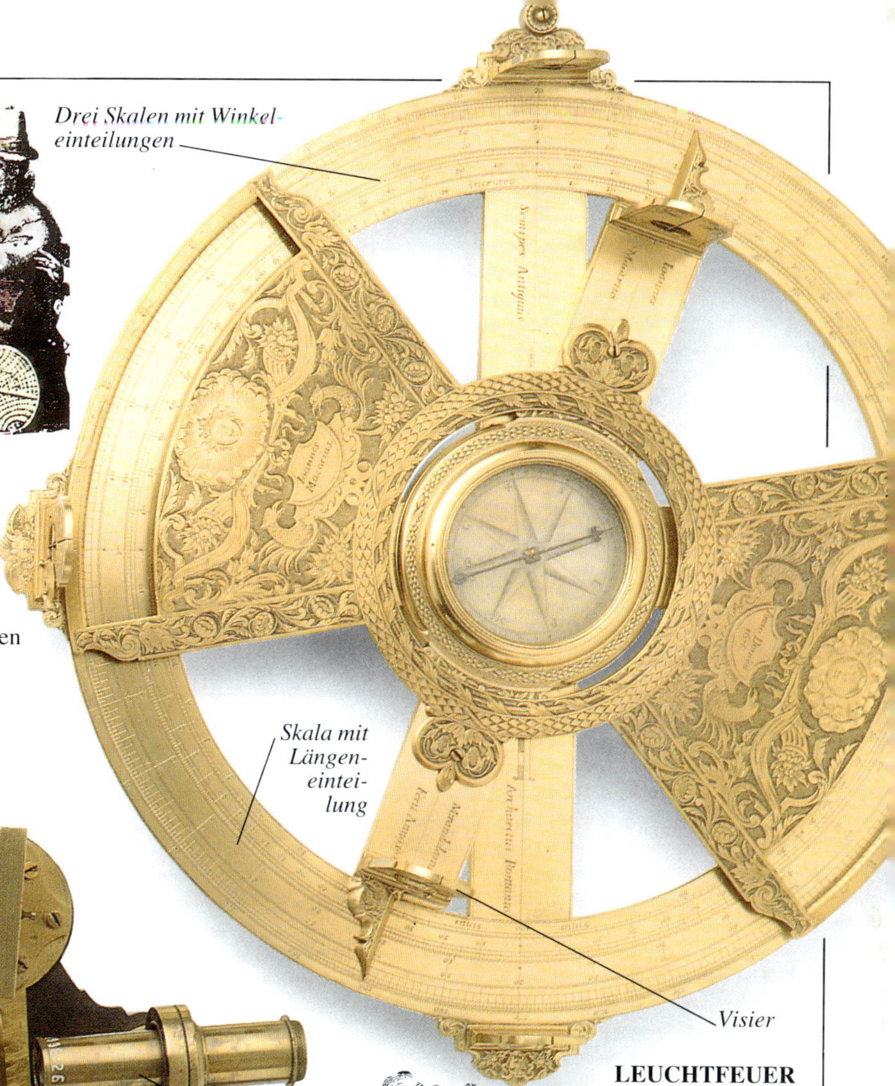

EINE VOLLE DREHUNG
1676 konstruierte der Architekt Joannes Marcarius diese Bussole. Das Instrument diente zur Bestimmung großer Strecken durch Winkelmessungen.

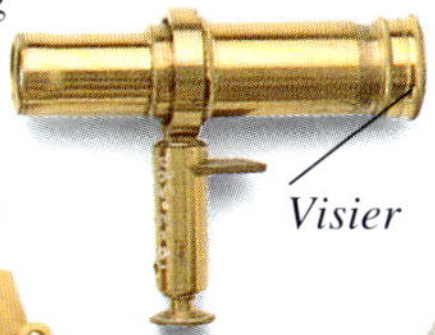

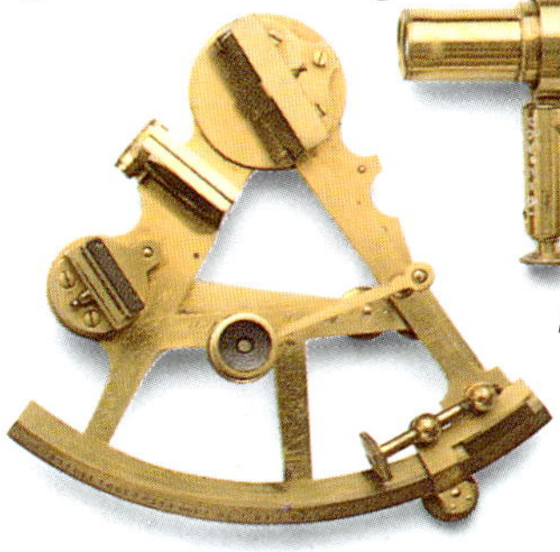

KLEINER SEXTANT *oben*
Sextanten wie dieser von 1850 dienten zur Erstellung militärischer Karten und zur Vermessung im Straßen- und Eisenbahnbau.

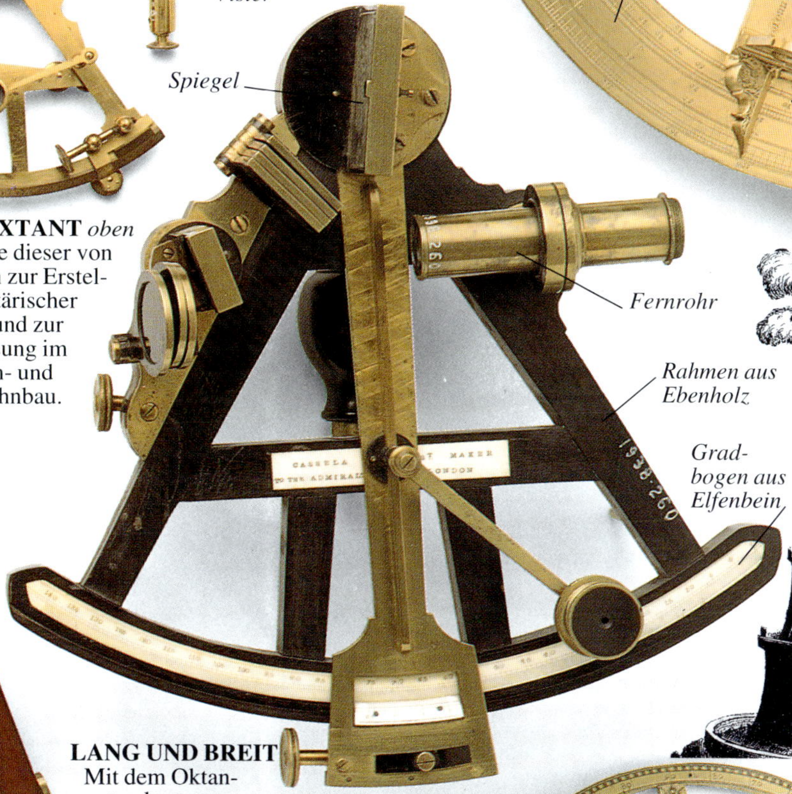

LANG UND BREIT
Mit dem Oktanten konnte man die geographische Länge nicht bestimmen. John Campbell entwickelte 1757 den Sextanten zur Bestimmung von Längen- und Breitengraden.

LEUCHTFEUER
Auf der Insel Pharos vor Alexandria stand eines der sieben Weltwunder, der erste Leuchtturm. Er wurde um 280 v.Chr. erbaut und war zwischen 120 und 140 m hoch. Das Licht eines großen Feuers wurde mit Spiegeln auf die See hinaus projiziert.

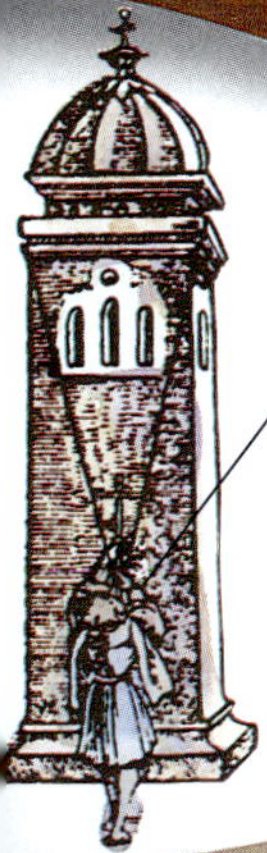

AUF HALBEM WEG
Dieser Gradbogen mit einer halbkreisförmigen Winkelskala wurde erstmals 1597 von Philippe Danfrie beschrieben und war ein Vorläufer der Bussole.

Spinnen und Weben

Unsere Vorfahren schützten sich mit Tierfellen vor Kälte, bis sie vor etwa 10.000 Jahren begannen Kleidung herzustellen. Mit einer Spindel spannen sie dünne Fäden aus Wolle, Baumwolle, Flachs oder Hanf, aus denen dann ein Stoff gewebt wurde. Die ersten Webstühle bestanden lediglich aus zwei Stäben, über die mehrere Fäden, die Kettfäden, gespannt waren, während ein weiterer Faden, der Schussfaden, zwischen den Kettfäden hindurchgeführt wurde. Spätere Webstühle teilten die Kettfäden in gehobene und gesenkte Fäden und erleichterten das Hindurchführen des Webschützens, der die Spule mit dem Schussfaden enthielt. Im Prinzip haben sich die Verfahren der Spinnerei und Weberei bis heute nicht geändert, wenn die Prozesse auch im 18. Jahrhundert, im Verlauf der industriellen Revolution, weitgehend automatisiert wurden. Weiterentwicklungen waren zum Beispiel die Mule-Maschine, die mehrere Fäden gleichzeitig spinnen konnte, und der Schnellschütze, der es ermöglichte, größere Webstücke schneller herzustellen.

VORNEHME SPINNER UND WEBER
Im 13. Jh. kam in Europa der Trittwebstuhl auf. Durch seine Schäfte konnten die Kettfäden per Fußtritt in Fächern gehoben und gesenkt werden. Das Schiffchen wurde mit den Händen durch das Fach geführt.

ALTE SPINDEL
Eine solche Spindel (1921 in Tel el Amarna, Ägypten, gefunden) wurde an den Fasern befestigt und mit der Hand in Drehung versetzt, sodass sich die Fasern zu einem Faden verdrehten.

DIE SPINNSTUBE
Das Spinnrad, das um 1200 aus Indien nach Europa kam, beschleunigte den Spinnvorgang. Mit der rechten Hand betätigte man das Rad, während man mit der linken die Wolle vom Rocken nahm.

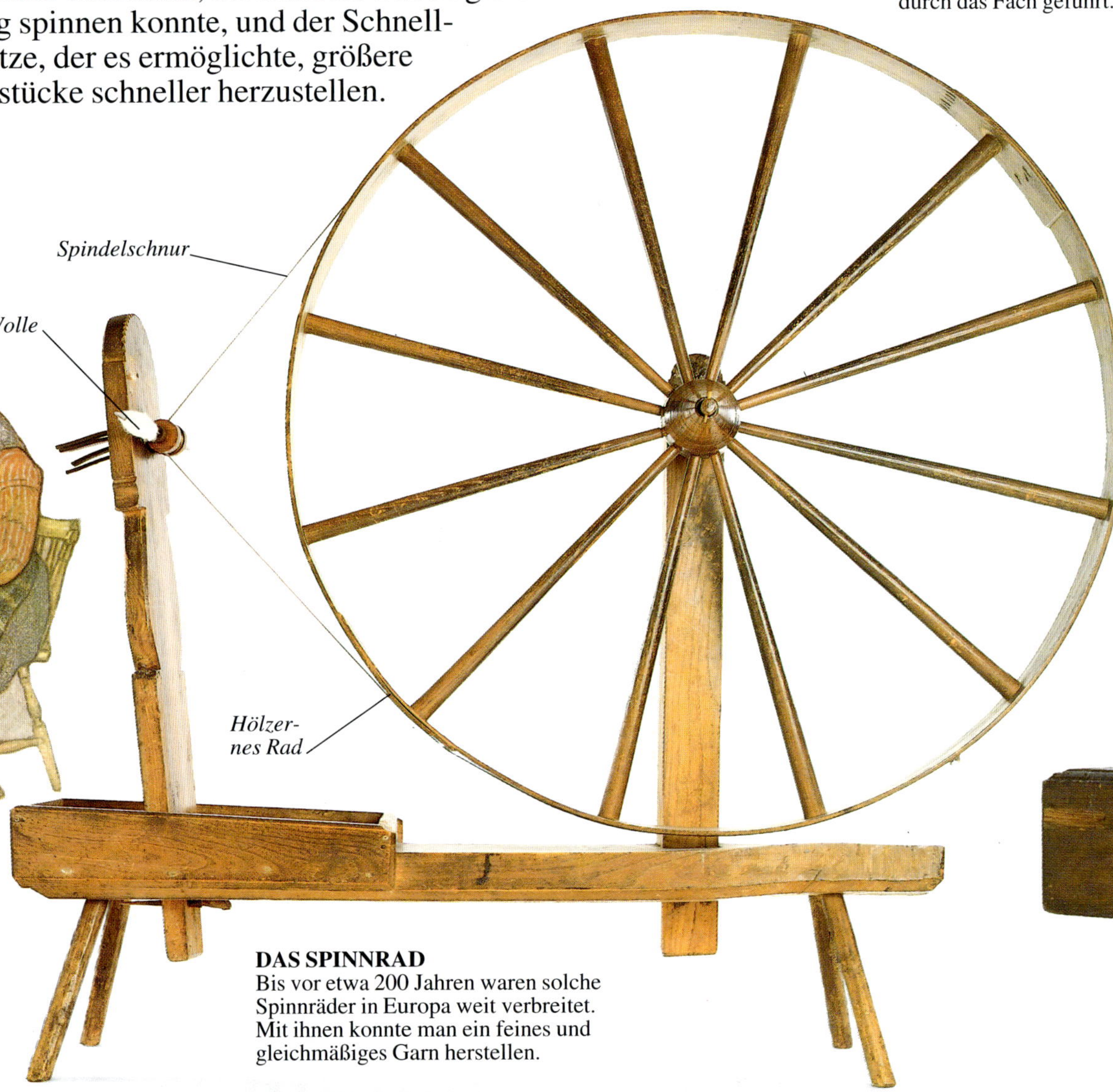

DAS SPINNRAD
Bis vor etwa 200 Jahren waren solche Spinnräder in Europa weit verbreitet. Mit ihnen konnte man ein feines und gleichmäßiges Garn herstellen.

FLÜGELSPINNMASCHINEN *rechts*
Vor etwa 250 Jahren wurden die Spinnmaschinen weitgehend verbessert. 1769 stellte Richard Arkwright seine Flügelspinnmaschine vor. Die Maschine zog das Garn automatisch aus der Wolle und verspann es, während es auf die Spule gewickelt wurde. Etwa zehn Jahre später entwickelte Samuel Crompton die Mule-Maschine, die bis zu 1000 Fäden gleichzeitig spinnen konnte.

KINDERARBEIT *oben*
Ende des 18. Jh.s entstanden Fabriken, in denen Wasser- oder Dampfkraft die Webstühle betrieb. Man beschäftigte Kinder, die unter die Maschinen kriechen mussten, um gerissene Fäden zu flicken oder Fusseln aufzulesen.

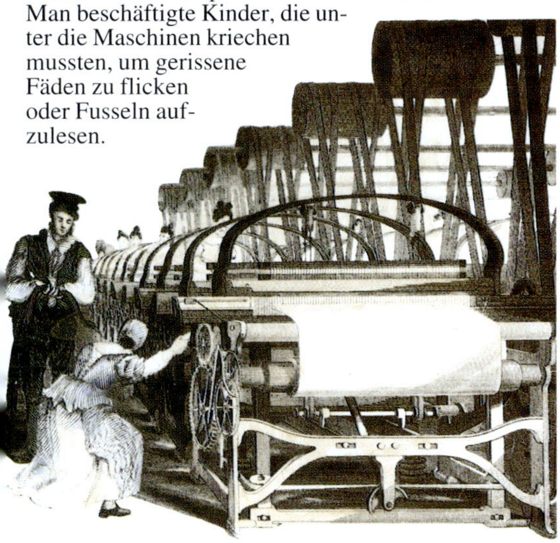

MIT MASCHINENKRAFT
Der erste dampfbetriebene Webstuhl stammt aus dem Jahr 1787. Er bewegte den Webschützen 200-mal in der Minute hin und her. Um 1830 waren die wasser- und dampfbetriebenen Webstühle weit verbreitet.

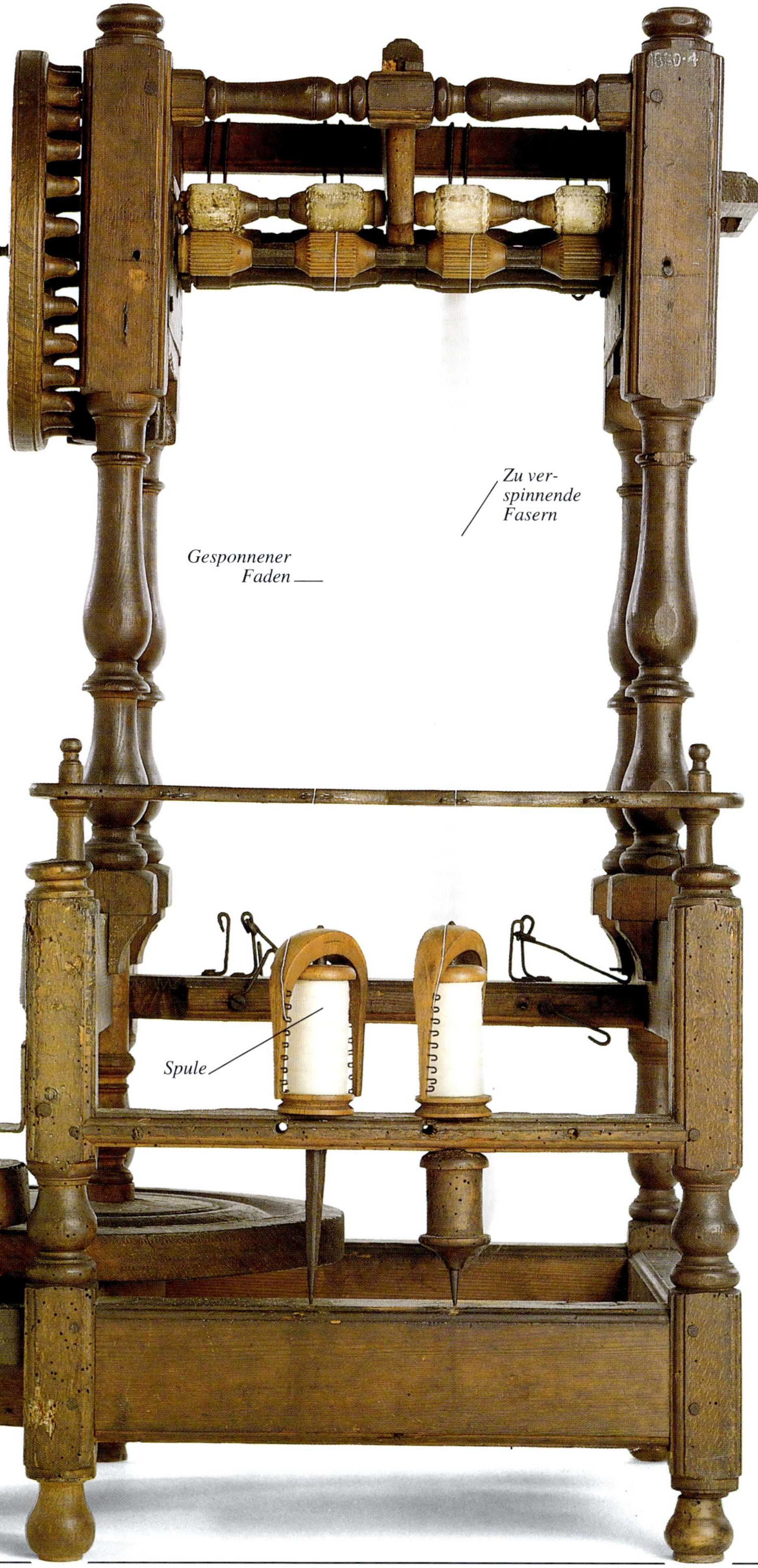

Batterien

Vor mehr als 2000 Jahren erzeugte der griechische Philosoph Thales elektrische Funken, indem er Bernstein an einem Stück Stoff rieb. Es war aber noch ein weiter Weg, bis die Menschen sich die Elektrizität zunutze machten und Batterien als Energiequellen entwickelten. 1800 stellte Alessandro Volta (1745–1827) die erste Batterie der Öffentlichkeit vor. Sie enthielt eine Flüssigkeit (Elektrolyt) und Metallelektroden, die durch chemische Reaktionen Elektrizität erzeugten. Andere Wissenschaftler, wie etwa John Frederic Daniell (1790–1845), verbesserten Voltas Batterie, indem sie die Elektroden aus anderen Materialien herstellten. Unsere heutigen Batterien arbeiten nach dem gleichen Grundprinzip.

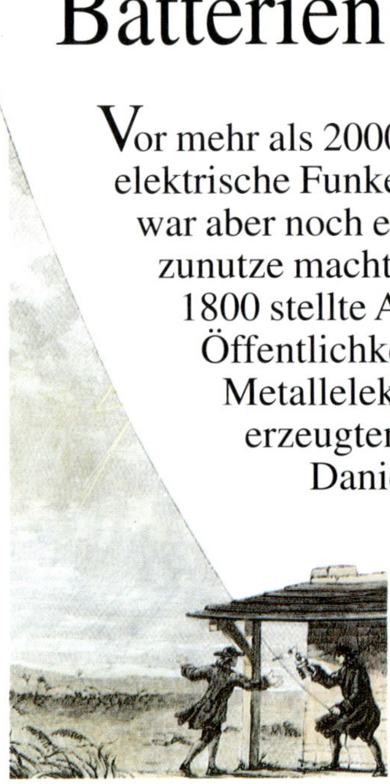

GEISTESBLITZ
1752 ließ der amerikanische Erfinder Benjamin Franklin bei Gewitter einen Drachen steigen. Als elektrischer Strom durch die nasse Drachenschnur floss und am unteren Ende einen Funken erzeugte, erkannte er, dass Blitze elektrische Entladungen sind.

TIERISCHE ELEKTRIZITÄT
Luigi Galvani (1737–1798) beobachtete, dass die Beine toter Frösche zuckten, wenn er sie mit Metallstäben berührte. Er nahm an, die Froschschenkel seien mit Elektrizität geladen. Volta legte jedoch eine andere Erklärung vor: Die Elektrizität entsteht durch das Zusammenwirken des Metalls und der Feuchtigkeit in den Froschschenkeln wie bei einer Batterie.

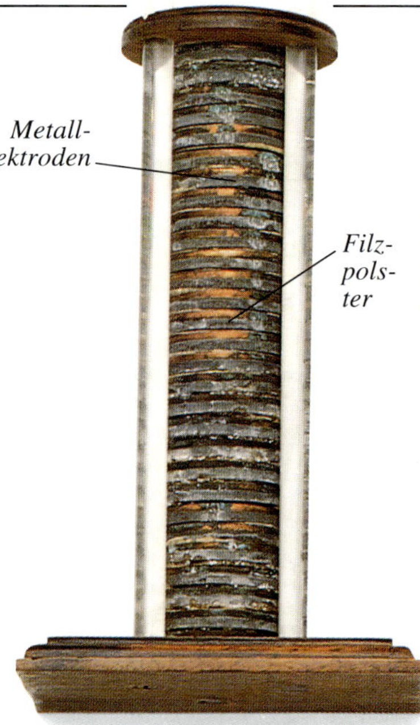

DIE VOLTA'SCHE SÄULE *oben*
Voltas Batterie bestand aus Zink- und Kupferplatten, getrennt von in schwacher Säure oder Salzlösung getränktem Filz. Verband man die oberste und die unterste Platte, floss Strom. Die Einheit der elektrischen Spannung (Volt) ist nach Volta benannt.

STROM AUS DER KISTE
Um eine höhere Spannung und dadurch eine höhere Stromstärke zu erhalten, schaltete man mehrere Elemente (Zellen) mit je einem Elektrodenpaar aus unterschiedlichen Metallen hintereinander. Ein Volta-Element besteht aus einer Kupfer- und einer Zinkelektrode, umgeben von einer schwachen Säure. Der Engländer Cruikshank entwickelte im Jahre 1800 diese Batterie, aneinander gelötete Metallplatten in einem Holzkasten, der mit verdünnter Säure oder Salmiaklösung gefüllt wurde.

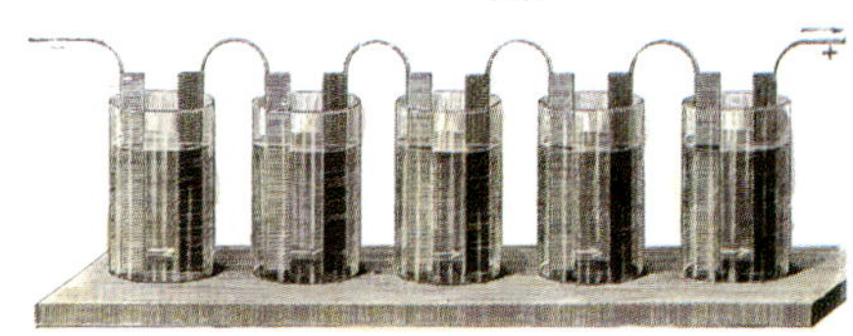

SCHONENDER UMGANG
Um 1807 entwickelte der englische Chemiker W.H. Wollaston eine solche Batterie. Die Zinkplatten wurden zwischen den u-förmigen Kupferelektroden beidseitig genutzt. Wenn die Batterie nicht gebraucht wurde, nahm man die Elektroden aus der Elektrolytlösung heraus.

ZUVERLÄSSIGE ELEKTRIZITÄT
Beim Daniell-Element taucht eine Kupferelektrode in eine Kupfersulfatlösung, eine Zinkelektrode in eine Zinksulfatlösung. Die Lösungen sind durch eine poröse Wand voneinander getrennt. Es war die erste zuverlässige Stromquelle.

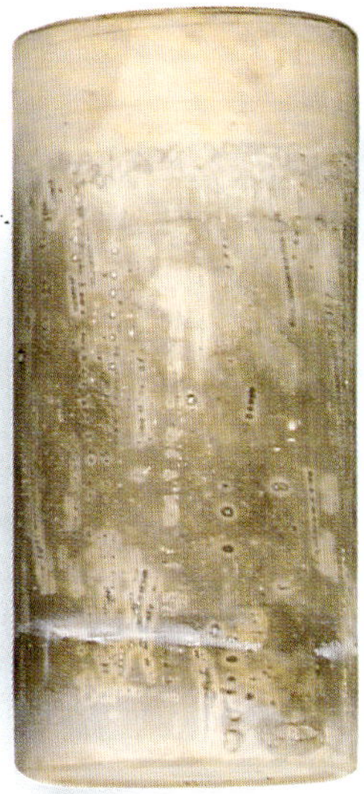

Zinkelektrode

Das Kupfergefäß dient als Elektrode.

Poröses Gefäß

DIE WIEDER AUFLADBARE BATTERIE
Der Bleiakku(mulator) besitzt Elektroden aus Blei und aus Bleioxid, die von Schwefelsäure umgeben sind. Beim Entladen entsteht Bleisulfat, das beim Laden wieder zu Blei und Bleioxid wird.

Pol

WILHELM RÖNTGEN *rechts*
Der deutsche Pysiker (1845–1923) fand einen Weg mithilfe von Strahlen in das Innere des Körpers zu schauen.

DAS GASSNER-ELEMENT *links*
Der Chemiker Carl Gassner entwickelte ein Trockenelement mit einem Zinkgehäuse als negativer und einem Kohlestab als positiver Elektrode. Dazwischen befand sich eine pastenartig verdickte Salmiaklösung und Gips.

ENERGIE AUS DER FLASCHE *rechts*
Einige der frühen Batterien enthielten konzentrierte Salpetersäure und setzten giftige Gase frei. Um 1850 wurde deshalb ein Element mit Elektroden aus Zink und Kohle in einer mit Chromsäure gefüllten Glasflasche entwickelt.

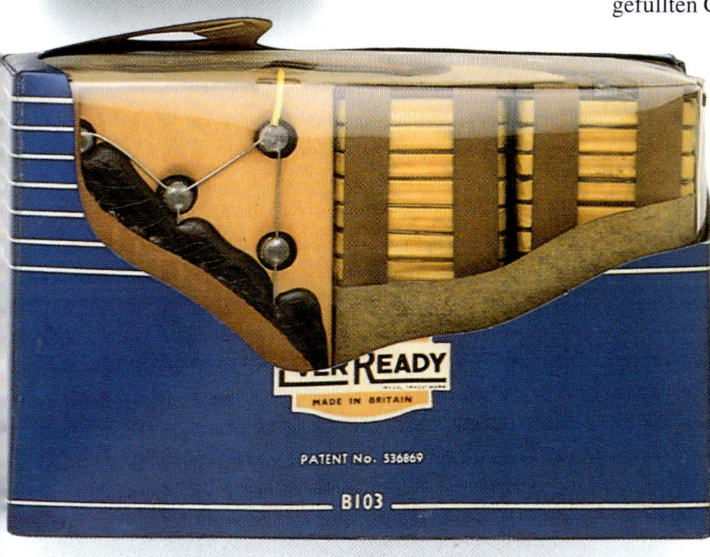

KRAFTPAKETE *links*
Die Taschenlampenbatterie besteht aus einem mit einer Elektrolytpaste gefüllten Zinkgehäuse als Anode und einer von Braunstein umgebenen Kohleelektrode in der Mitte. Moderne Batterien besitzen Elektroden aus den unterschiedlichsten Materialien, viele enthalten giftige Quecksilberverbindungen. Lithiumbatterien mit langer Lebensdauer werden in Herzschrittmachern verwendet.

IN DER BLACK BOX
Die Camera obscura (lat.: dunkle Kammer) war zunächst nur ein dunkler Raum oder Kasten mit einer kleinen Öffnung auf einer Seite und einer Leinwand gegenüber, auf die Bilder projiziert wurden. Die Lochblende wurde im 16. Jh. durch eine Linse ersetzt.

Fotografie

Die Fotografie ermöglichte erstmals relativ schnell ein genaues Abbild eines Gegenstandes herzustellen. Sie beruht gleichermaßen auf Erkenntnissen aus der Optik (S.28) und der Chemie. Die Araber untersuchten im 9. Jahrhundert das auf einen Schirm projizierte Bild der Sonne; noch früher hatten dies die Chinesen getan. Während des 16. Jahrhunderts verwendeten italienische Maler wie Canaletto Linsen und die Camera obscura, um projizierte Bilder genau nachzumalen. 1725 bemerkte der deutsche Anatomieprofessor Heinrich Schulze, dass sich eine Silbernitratlösung durch Lichteinwirkung in der Flasche schwarz färbte. 1826 entstand das erste beständige Abbild eines Gegenstands auf einer mit lichtempfindlichem Material beschichteten Metallplatte.

KONKURRENZKAMPF
1841 hatte der Engländer Fox Talbot sein Verfahren der Calotypie zur Vollendung gebracht, nachdem er es bereits zwei Jahre zuvor als Reaktion auf Daguerres Erfolg angekündigt hatte. Talbots Methode lieferte ein Negativbild, von dem positive Abzüge gemacht werden konnten.

Die Daguerreotypie

Joseph Nicéphore Niepce machte die erste bis heute erhaltene Fotografie. Im Jahre 1826 beschichtete er eine Zinnplatte mit Bitumen und belichtete sie in einer Kamera. Wo Licht einfiel, wurde das Bitumen unlöslich, der Rest wurde abgelöst. Zurück blieb ein sichtbares Bild. 1839 verbesserte sein ehemaliger Partner Jacques Daguerre das Verfahren. Die so hergestellten Bilder hießen Daguerreotypien.

Verschluss

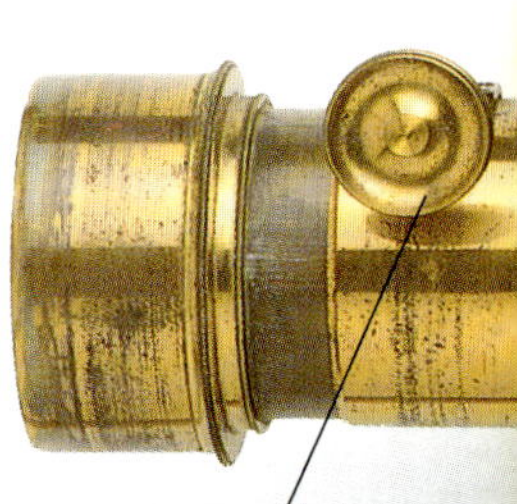
Einstellrad zum Scharfstellen

VORSICHT, AUFNAHME! *unten*
Bei den Kameras wurde zunächst das Motiv durch ein Loch in der Rückwand der Kamera anvisiert, dann die lichtempfindliche Platte in die Kamera eingeführt und der Verschluss für eine bestimmte Zeit geöffnet, um die Platte zu belichten.

DAGUERRES VERFAHREN
Zur Herstellung einer Daguerreotypie benötigte man eine versilberte, mit Joddampf lichtempfindlich gemachte Kupferplatte. Sie wurde in einer Kamera belichtet, in Quecksilberdampf entwickelt und schließlich mit einer starken Salzlösung fixiert.

Plattenhalter

Blendenringe

Objektiv mit Fassung

DIE RICHTIGE EINSTELLUNG
Auswechselbare Objektive und verschieden große Blendenringe, wie bei dieser zusammenklappbaren Daguerre-Kamera aus der Zeit um 1840, ermöglichten es, nahe und weit entfernte Motive bei verschiedenen Lichtverhältnissen abzubilden.

Zusammenklappbare Daguerre-Kamera

SCHWERE LAST
Vergrößerungen waren zunächst unbekannt, sodass man für große Bilder auch große Fotoplatten brauchte. Zur Ausrüstung der Fotografen gehörten ein Zelt als Dunkelkammer, Wasserflaschen, Chemikalien und eine Reihe von Fotoplatten. Alles zusammen wog oft mehr als 50 kg.

Die Nassplatte

1851 erfand Frederick Scott Archer eine neuartige Fotoplatte. Er mischte sirupöses Kollodium mit Kaliumjodid und beschichtete damit Glasplatten. Die Platte wurde mit einer Silbernitratlösung bestrichen, in die Kamera eingeführt und noch in feuchtem Zustand entwickelt. Man erhielt gestochen scharfe Bilder und die Belichtungszeit betrug weniger als 30 Sekunden. Das Verfahren war zwar etwas umständlich, aber die Ergebnisse waren ausgezeichnet.

Chemikalien für das Nasskollodiumverfahren

Plattenhalter

Negativ auf einer Nassplatte

CHEMIKALIEN *oben rechts*
Die gläsernen Nassplatten wurden mit einem Gemisch aus Silbersalz und klebrigem Kollodium beschichtet. Man entwickelte die Platten in Pyrogallol und fixierte sie mit Natriumthiosulfat. Die Chemikalien wurden in kleinen Flaschen aufbewahrt.

VOLL IM BILDE
Diese Kamera für Nassplatten wurde auf einem Stativ befestigt. Den hinteren Teil mit dem Plattenhalter konnte man verschieben, um die Bildgröße zu variieren und das Bild scharf einzustellen. Die Feineinstellung besorgte man mit einem Einstellrad am Objektiv.

Die moderne Fotografie

Nach 1870 beschichtete man die Fotoplatten mit einer lichtempfindlichen Schicht aus Silberbromid und Gelatine. Noch lichtempfindlicheres Fotopapier ermöglichte bald die schnelle und einfache Herstellung von Abzügen in der Dunkelkammer. 1888 stellte der Amerikaner George Eastman eine kleine, leichte Kamera mit einem Rollfilm her.

Filmtransportschlüssel

FOTOGRAFIEREN FÜR JEDERMANN
1888 kam George Eastmans Brownie-Box-Kamera auf den Markt. Damit war die Amateur-Fotografie geboren. Nach jedem Schnappschuss musste der Film ein Stück weitertransportiert werden.

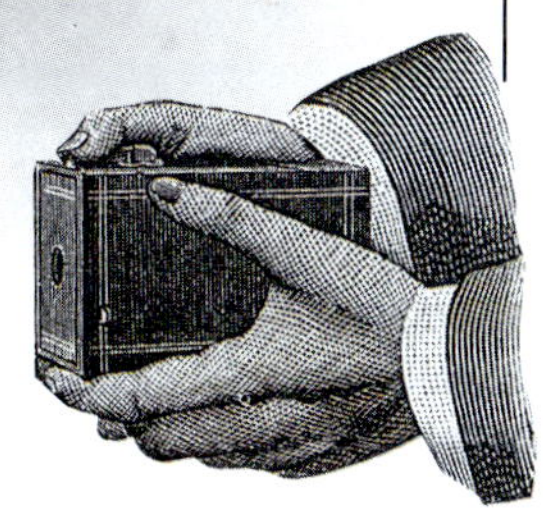

VERSTECKTE KAMERA *rechts*
In den 1920er-Jahren entwickelten deutsche Kamerahersteller, wie etwa Carl Zeiss, eine kleine Präzisionskamera. Diese einäugige Spiegelreflexkamera (SLR = Single Lens Reflex) ist in vieler Hinsicht Vorläuferin einer ganzen Generation moderner Kameras.

Sucher

Filmtransportrad

Objektiv

SLR-Kamera

DER ROLLFILM
Bei Eastmans frühen Papierfilmen musste man nach der Entwicklung die Negative abziehen und einzeln auf Glasplatten kleben, bevor man Abzüge machen konnte. 1889 kam der transparente Zelluloidfilm auf den Markt. Die entwickelten Filmstreifen konnte man nun direkt als Negative verwenden.

Medizinische Geräte

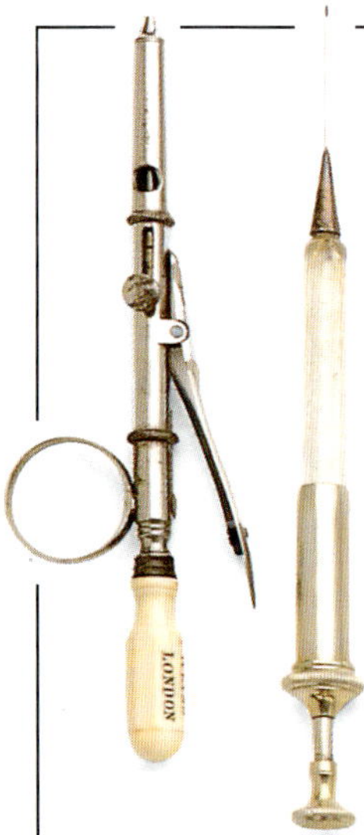

Unsere Vorfahren kannten die heilsame Wirkung von Kräutern, und Funde prähistorischer Schädel zeigen, dass schon in der Vorzeit Operationen am geöffneten Schädel versucht wurden. Die alten Griechen durchbohrten die Schädeldecke, um nach einer Kopfverletzung das Gehirn von Druck zu entlasten. Die alten Chinesen entwickelten die Akupunktur. Dabei werden Nadeln in bestimmte Körperregionen gestochen, um andere Körperteile von Schmerz oder Krankheit zu befreien. Bis weit ins 19. Jahrhundert hinein veränderten sich die Instrumente des Chirurgen nur geringfügig: Es gab Skalpelle, Zangen, verschiedene Haken, Sägen und andere Hilfsmittel für die Amputation oder zum Zähneziehen. Instrumente zur Diagnose von Krankheiten wurden erstmals zur Zeit der Renaissance in Europa entwickelt, eine Folge der anatomischen Forschungen von Leonardo da Vinci oder Andreas Vesalius. Im 19. Jahrhundert machte die Medizin rasche Fortschritte; viele der Instrumente, die noch heute gebräuchlich sind, vom Stethoskop bis hin zum Zahnbohrer, wurden in dieser Zeit entwickelt.

INJEKTION
Schon im alten Indien, in China und Nordafrika kannte man Spritzen. Heute bestehen sie aus einem Glas- oder Plastikzylinder und einem Kolben. Der französische Chirurg Charles Gabriel Pravaz benutzte 1853 eine Spritze mit einer dünnen, hohlen Nadel.

BETÄUBUNG
Vor der Entdeckung der Narkose im Jahre 1846 wurden Operationen bei vollem Bewusstsein des Patienten durchgeführt. Zum Betäuben verwendete man nun Distickstoffmonoxid (Lachgas), das der Patient mit einer Gesichtsmaske einatmen musste.

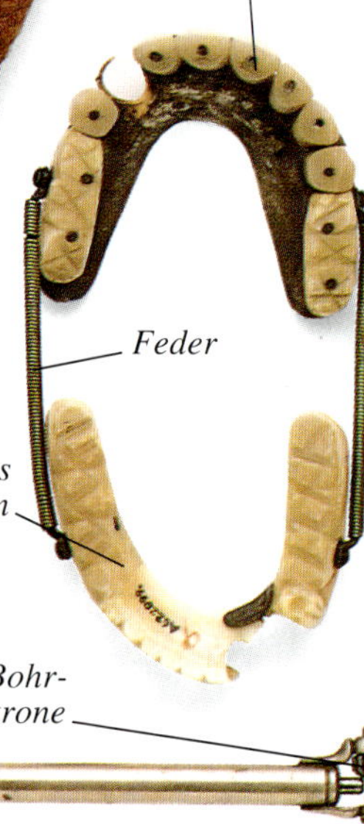

SCHMERZFREI
Seit der Mitte des 19. Jh.s setzten die Zahnärzte Narkotika und moderne Zahnbohrer ein.

BOHRER
Der Harrington-„Erado"-Zahnbohrer stammt von 1864. Er wurde mit einem Uhrwerk betrieben und lief bis zu zwei Minuten lang.

MIT BISS *oben*
Die erste vollständige Zahnprothese wurde um 1780 in Frankreich hergestellt. Die abgebildete Teilprothese stammt von 1860.

KEIMFREI *links*
Der schottische Chirurg Joseph Lister erfand 1865 einen Zerstäuber zum Versprühen eines antiseptischen Phenolnebels, um bei Operationen Keime abzutöten. Das abgebildete Modell stammt von 1875.

DIREKTER EINBLICK *rechts*
Im 19. Jh. wurden Endoskope entwickelt, mit denen man ohne Operation in den menschlichen Körper blicken konnte. Die Abbildung zeigt ein Endoskop von 1880 mit einer Kerze als Lichtquelle.

DURCH DIE RÖHRE
1819 erfand der französische Arzt René Laënnec ein Hörrohr zum Abhören des Herzschlags.

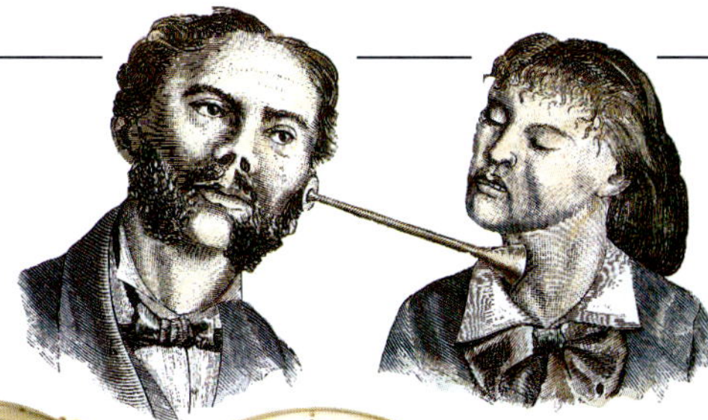

HINEINHÖREN
Aus Laënnecs Hörrohr entwickelte sich 1855 dieses Stethoskop mit zwei Röhren. In dieser Form ist es noch heute gebräuchlich. Mit dem Stethoskop kann man Herz, Lunge und Blutgefäße abhören und man hört damit sogar das Herz eines Kindes im Mutterleib schlagen.

DEN PULS FÜHLEN *links*
Der Arzt William Harvey erkannte im frühen 17. Jh. als Erster die Funktionsweise des Blutkreislaufs. Nur wenig später entdeckte man die Zusammenhänge zwischen Puls, Herzschlag und Gesundheitszustand.

UNTER DRUCK *oben*
Der Blutdruck wird gemessen, indem man den Puls fühlt und gleichzeitig einen messbaren Druck auf die Haut langsam steigert, bis der Puls verschwindet. Samuel von Basch erfand das Sphygmomanometer, ein Gerät zum Messen des Blutdrucks.

HEISSBLÜTIG *rechts*
Diese Fieberthermometer von etwa 1865 platzierte man im Mund (gerades Thermometer) oder in der Achselhöhle (gebogenes Thermometer) des Patienten. Die Messung der Körpertemperatur war bis zum Beginn des 20. Jh.s nicht sehr weit verbreitet.

LEICHT BENOMMEN
Im 19. Jh. verwendete man Äther als Narkotikum. Bei diesem Inhaliergerät von 1847 wird die Atemluft des Patienten durch eine Flasche mit äthergetränkten Schwämmen geleitet.

HOHLE KLÄNGE *rechts*
Dieses Stethoskop von 1830 diente mit seinem scheibenförmigen Endstück speziell zum Abhören hoher Körpergeräusche, etwa denen der Lunge, und weniger zur Kontrolle des dumpfen Herzschlags.

Das Telefon

EINE VERBINDUNG WIRD HERGESTELLT
Diese beiden Männer benutzen frühe Telefonapparate Edisons. Links erkennt man die heute noch übliche Form und rechts einen Apparat mit getrenntem Mikrofon und Lautsprecherteil. Alle Verbindungen wurden von der Vermittlung hergestellt.

IM GESPRÄCH
Alexander Graham Bell (1847–1922) erfand das Telefon, nachdem er als Sprachlehrer mit Gehörlosen gearbeitet hatte. Hier führt er gerade das erste Telefongespräch – von New York nach Chicago.

Bereits seit Jahrhunderten werden Nachrichten über weite Strecken übermittelt: z.B. als Rauchsignale oder als Lichtzeichen. Der Franzose Claude Chappe entwickelte im Jahre 1793 erstmals ein Gerät zur Nachrichtenübermittlung, welches er Telegraf (wörtlich: Fernschreiber) nannte. Bewegliche Flügel, die auf Masten angebracht waren, übermittelten bestimmte Signale für Ziffern und Buchstaben. In den folgenden 40 Jahren wurden elektrische Telegrafen entwickelt und 1876 erfand Graham Bell das Telefon. Mit ihm konnte Sprache über große Entfernungen übertragen werden. Bells Arbeit mit Gehörlosen inspirierte ihn die Schallerzeugung physikalisch zu untersuchen. Er beschäftigte sich mit der sog. „harmonischen Telegrafie" und entdeckte, dass man die Schallwellen der Sprache in elektrische Stromschwankungen umwandeln kann. Damit hatte er das Grundprinzip des Telefons gefunden.

ALLES IN EINEM
Die ersten Telefone, darunter auch Bells *Box-Telephone* von 1876/77 hatten ein trompetenförmiges Mikrofon, das gleichzeitig als Lautsprecher diente. Wenn man in das Mikrofon sprach, wurden die Schallwellen über eine Membran in elektrische Impulse umgewandelt. Beim Empfänger lief der Vorgang umgekehrt ab.

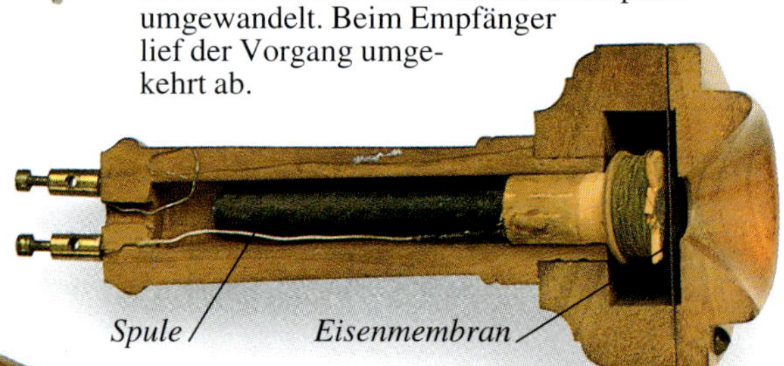

HÖRER
In diesem Hörer von 1878 erzeugte eine eiserne Membran die Schallwellen. Elektrischer Strom, der durch eine Spule floss, versetzte sie in Schwingung.

Der Telegraf

Telegrafen übermitteln Signale über ein langes Kabel. Mit den ersten Telegrafen koordinierten Eisenbahngesellschaften den Zugverkehr. Auch Großstädte waren durch Telegrafenleitungen verbunden.

NEUESTE NACHRICHTEN
Mit der Morsetaste (links) kann man lange und kurze Signale erzeugen. Beim System von Cooke und Wheatstone (rechts) deuteten elektrisch betriebene Nadeln auf verschiedene Buchstaben.

NICHT EINHÄNGEN!
Thomas Edison entwickelte 1877 getrennte Mikrofon- und Lautsprechereinheiten. Hängte man den Hörer an den vorgesehenen Haken, wurde die Leitung unterbrochen.

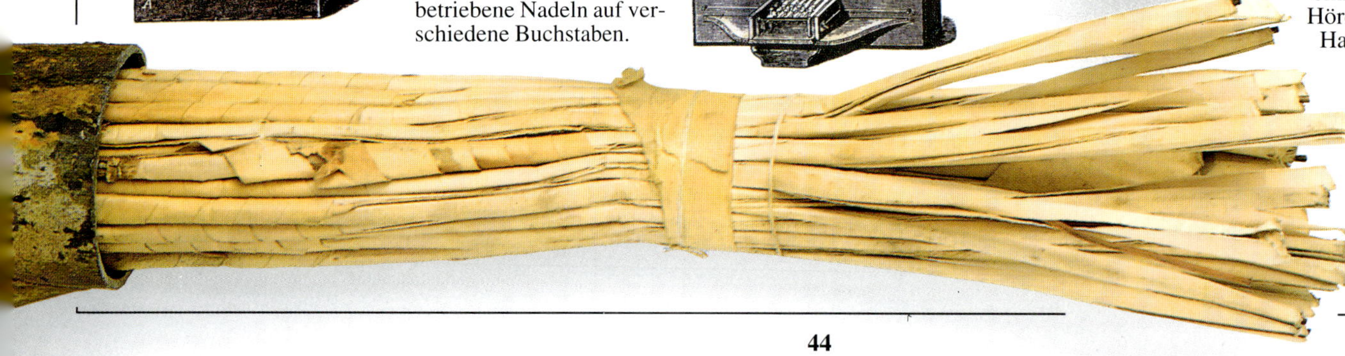

ANSCHLUSS
Die ersten Telefonleitungen bestanden aus Kupfer. Für Überlandleitungen verwendete man aber verzinkte Eisendrähte.

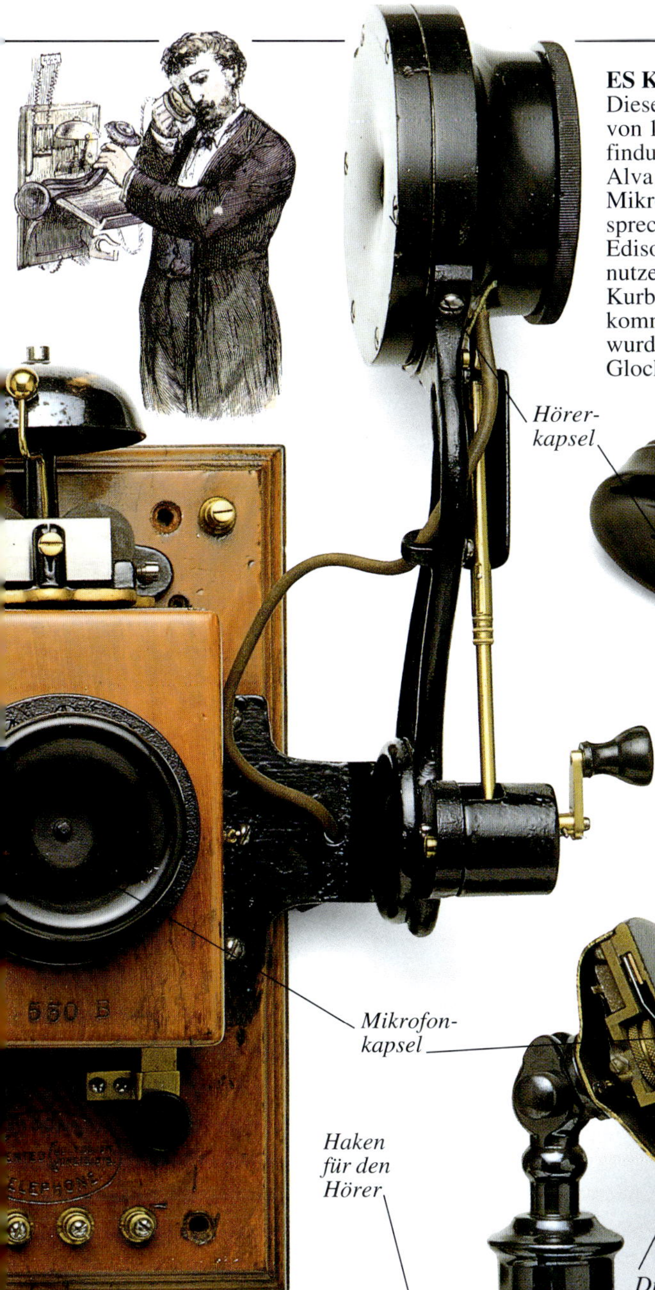

Hörer-
kapsel

Mikrofon-
kapsel

ES KLINGELT
Dieser Wandapparat von 1879 ist eine Erfindung von Thomas Alva Edison. Auch Mikrofon und Lautsprecher stammen von Edison selbst. Der Benutzer musste eine Kurbel betätigen, ankommende Gespräche wurden mit einer Glocke angezeigt.

WIEDERHOLEN SIE BITTE DIE NUMMER!
Die ersten Telefonverbindungen wurden per Hand hergestellt. Die Telefonisten in der Vermittlung ließen sich die Telefonnummern der beiden Partner geben und stöpselten die gewünschte Verbindung.

SPRECHEN UND HÖREN
Nach 1885 kam der kombinierte Telefonhörer mit eingebautem Mikrofon und Lautsprecher in Gebrauch, zuerst aus Metall, nach 1929 aus Kunststoff.

*Mikrofon-
kapsel*

*Haken
für den
Hörer*

Die Kohleteilchen in der Kapsel werden von Schallwellen mehr oder weniger fest zusammengedrückt, wodurch elektrische Stromschwankungen entstehen.

*Wählscheibe
mit Ziffern*

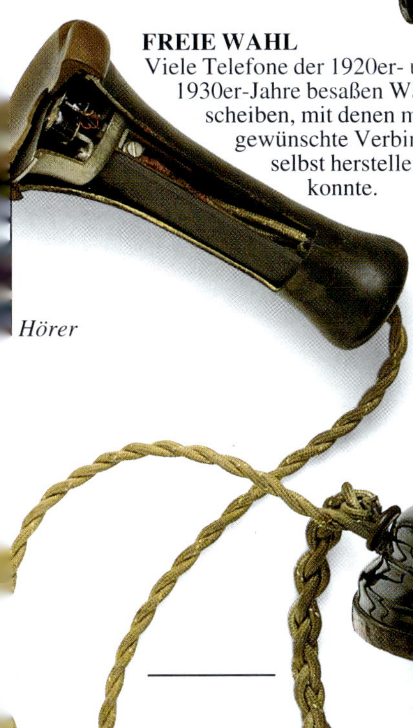

FREIE WAHL
Viele Telefone der 1920er- und 1930er-Jahre besaßen Wählscheiben, mit denen man die gewünschte Verbindung selbst herstellen konnte.

Hörer

*Schublade für ein
Telefonregister*

FERNGESPRÄCH FÜR SIE!
Telefone mit einer Gabel gibt es seit 100 Jahren. Dies hier stammt von 1937, als es bereits eine Telefonverbindung zwischen London und New York gab.

Schallaufzeichnung

Die erste Schallaufzeichnung in der Geschichte gelang Thomas Alva Edison (1847–1931) im Jahre 1877. Edison rief das Wort „Hallo“ gegen eine Membran. Sein Gerät zeichnete die Schallwellen als Vertiefungen auf einer mit Wachspapier bespannten Walze auf. Als er das Papier dann wieder an der mit einer Nadel versehenen Membran vorbeibewegte, wiederholte die Maschine: „Hallo“. Die mechanisch-akustische Schallaufzeichnung wurde in den 1920er-Jahren durch die elektrische Aufnahme abgelöst. 1935 eroberte die Bandaufnahmetechnik den Markt, als es möglich wurde, Magnetbänder aus Kunststoff herzustellen. Sie beruht auf dem Prinzip des Elektromagnetismus. In den 1960er-Jahren schließlich hielt die Mikroelektronik Einzug in die Aufnahmetechnik.

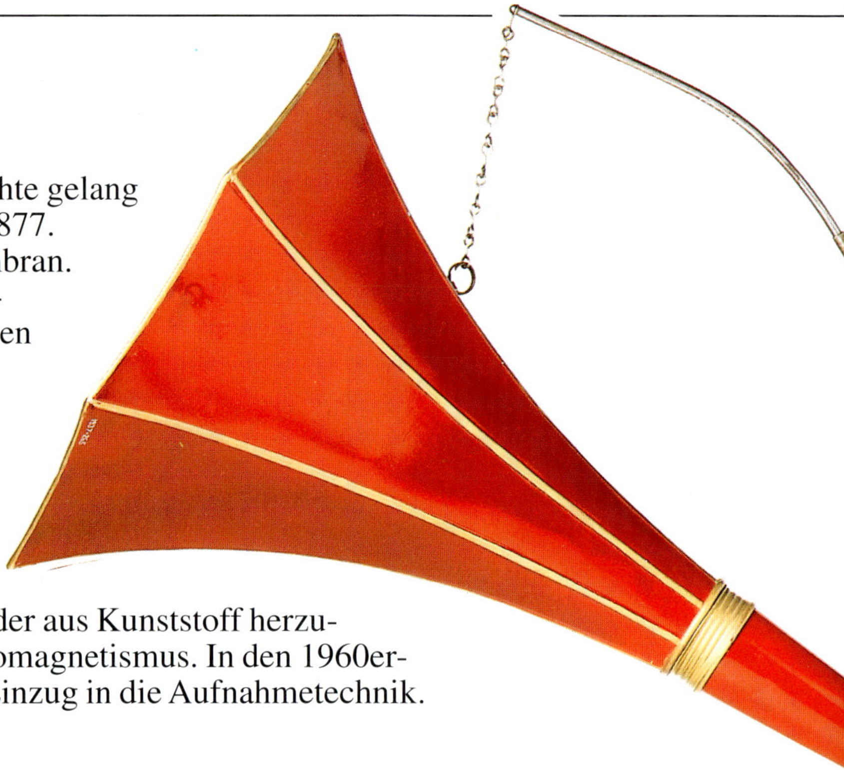

AUFNAHME UND WIEDERGABE
Edison verwendete zunächst unterschiedliche Systeme für die Aufzeichnung und die Wiedergabe von Schall. Ein Trichter leitete die Schallwellen zu einer Membran mit einer Nadel. Diese schnitt Vertiefungen in eine mit Zinnfolie umwickelte Walze. Zur Wiedergabe setzte er eine andere Schalldose auf die Walze und drehte an der Kurbel.

Aufnahmeschalldose (hier ohne Trichter)

Die Schraubenspindel führt die Walze seitlich an der Nadel vorbei.

Messingwalze, mit Zinnfolie umwickelt

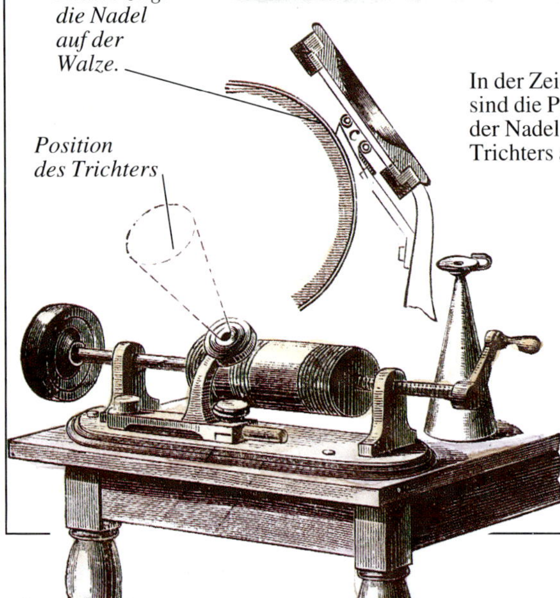

Der Querschnitt zeigt die Nadel auf der Walze.

Position des Trichters

In der Zeichnung sind die Positionen der Nadel und des Trichters angedeutet.

SPIEL'S NOCH MAL, SAM!
Das Wiedergabesystem des Walzenphonographen bestand aus einer Stahlnadel auf einer Blechmembran. Das Gewicht der hölzernen Schalldose drückte die Nadel auf die rotierende Walze. Die Vertiefungen in der Zinnfolie versetzten die Membran in Schwingung, die aufgezeichneten Klänge wurden hörbar.

Walze mit Schachtel

VERBESSERTE AUFNAHMETECHNIK
Bell verwendete Saphirnadeln, die fortlaufende Rillen in eine Wachswalze schnitten. Laute Klänge hinterließen tiefere Rillen. Spätere Walzen (oben) hatten eine Laufzeit von bis zu 4 Minuten.

Nadeln

WACHSENDES GESCHÄFT *links*
Edisons Zinnfolienwalzen hatten nur eine Spielzeit von 1 Minute und nutzten sich schnell ab. Dauerhafter war die um 1885 von Chichester Bell und Charles Tainter entwickelte wachsbeschichtete Walze, die mit einer Saphirnadel abgespielt wurde. Die Abbildung zeigte einen Edison-Phonographen vom Beginn des 20. Jh.s.

Schallplatte mit 78 U/min

Der Trichter verstärkt die Schwingungen der Membran.

Stahlnadel

Plattenteller

HEISSE SCHEIBEN
1888 konstruierte Emile Berliner den Vorgänger unserer Schallplattenspieler. Das Wiedergabesystem ähnelte dem Walzenphonographen, der Tonträger jedoch war eine flache Scheibe. Die Nadel bewegte sich nicht auf und ab, sondern wurde seitlich ausgelenkt.

FRISCH AUS DER PRESSE *oben*
Zuerst verwendete Berliner eine mit Ruß überzogene Glasplatte als Matrize. Auf fototechnischem Weg übertrug er die Aufzeichnungen dann auf eine Metallplatte. Sein 1895 entwickeltes Verfahren war bis in die 1950er-Jahre üblich: Mithilfe einer vernickelten Matrize wurden die Schallplatten aus Schellack gepresst.

Die Bandaufnahme

1898 baute der dänische Erfinder Valdemar Poulsen erstmals ein Gerät zur magnetischen Aufzeichnung. Als Tonträger dienten Klaviersaiten aus Stahl. In den 1930er-Jahren entwickelten die deutschen Firmen Telefunken und I.G. Farben ein Kunststoffband, das mit magnetisierbarem Eisenoxid beschichtet war und das den Stahldraht rasch verdrängte.

AUF DRAHT *links*
Poulsens Telegrafon von 1903 besaß einen elektrischen Antrieb. Es diente vor allem als Diktiergerät und zur Aufzeichnung von Telefongesprächen. Tonträger war ein Stahldraht.

AM LAUFENDEN BAND
Dieses Tonbandgerät (um 1950) hat drei Tonköpfe: Lösch-, Aufnahme- und Wiedergabekopf.

Der Verbrennungsmotor

Die Erfindung des Verbrennungsmotors revolutionierte das Transportwesen ebenso wie die Erfindung des Rads. Denn der kleine und relativ leistungsfähige Motor ermöglichte die Entwicklung neuer Verkehrsmittel vom Automobil bis zum Flugzeug. Der Treibstoff wird im Innern des Motors verbrannt und es wird Energie frei. Die Verbrennung findet in einer Röhre, dem Zylinder, statt. Hierbei entsteht ein heißes Gas, das einen Kolben im Zylinder nach unten drückt. Mit der Bewegungsenergie des Kolbens kann man Räder oder ganze Maschinen antreiben. Der erste funktionsfähige Verbrennungsmotor wurde 1859 von dem Belgier Etienne Lenoir (1822–1900) gebaut. Als Treibstoff diente Gas. Der deutsche Ingenieur Nikolaus Otto (1832–1891) entwickelte 1876 einen verbesserten Motor. Der Bewegungsablauf des Kolbens bestand aus vier Abschnitten, daher wurde der Motor als Viertaktmotor bekannt. Gottlieb Daimler und Karl Benz perfektionierten den Viertaktmotor und präsentierten 1886 das erste Automobil.

DAS ERSTE AUTO
Beim von Daimler und Benz veränderten Ottomotor konnte man statt Gas Benzin als Treibstoff verwenden. Der Motor war nicht mehr an eine Gasleitung angeschlossen und hatte genügend Kraft einen Personenwagen anzutreiben.

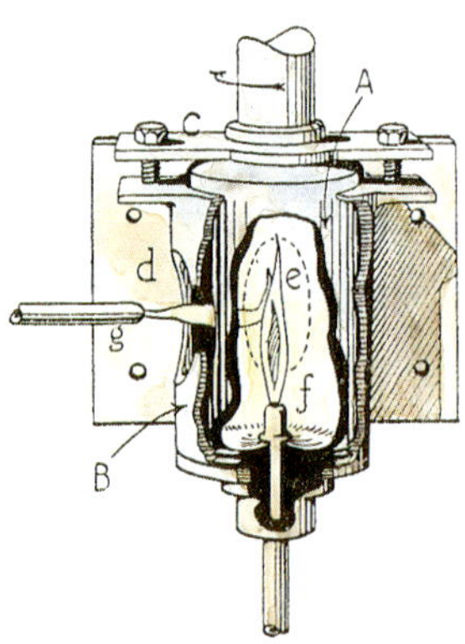

FEHLZÜNDUNG
Nach diesem erfolglosen Entwurf von 1838 sollte ein Zylinder durch die entweichenden Verbrennungsgase in Rotation versetzt werden.

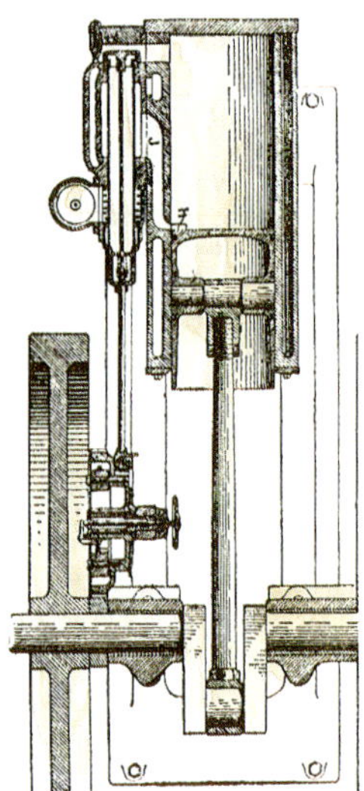

WEITERENTWICKELTE DAMPFMASCHINE *links*
Dieser Motor (um 1890) stellt eine Übergangsform zwischen Dampfmaschine und Verbrennungsmotor dar. Wie die Dampfmaschine besaß er ein Absperrventil am Zylinder, das das Verbrennungsgas entweichen ließ, wenn der Kolben sich nach unten bewegte.

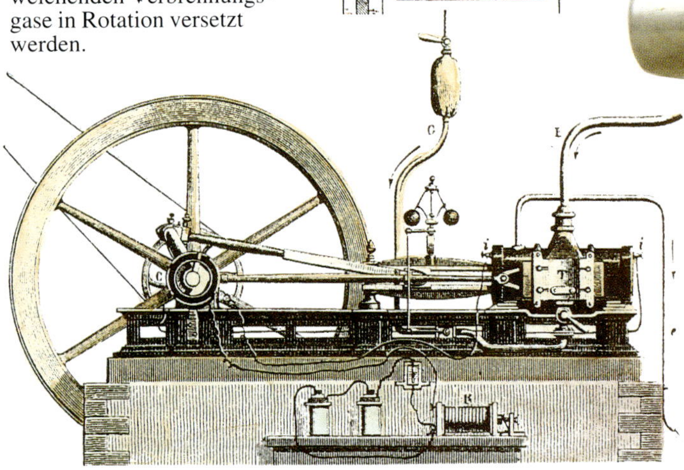

DER GASMOTOR
Lenoirs Motor arbeitete mit einem Gemisch aus Leuchtgas und Luft. Das Gasgemisch wurde durch die Kolbenbewegung in den Zylinder gesaugt und durch einen elektrischen Funken gezündet. Die Explosion bewegte den Kolben wieder zurück.

DER VIER-TAKTMOTOR 1. Takt: Der Kolben bewegt sich nach unten und saugt das Treibstoff-Luft-Gemisch durch das Einlassventil in den Zylinder. 2. Takt: Der Kolben geht nach oben und verdichtet das Gemisch. Am Ende des Taktes zündet die Zündkerze. 3. Takt (Arbeitstakt): Die Ausdehnung der Verbrennungsgase drückt den Kolben nach unten. 4. Takt: Der Kolben bewegt sich wieder aufwärts und presst dabei das Verbrennungsgas durch das Auslassventil aus dem Zylinder.

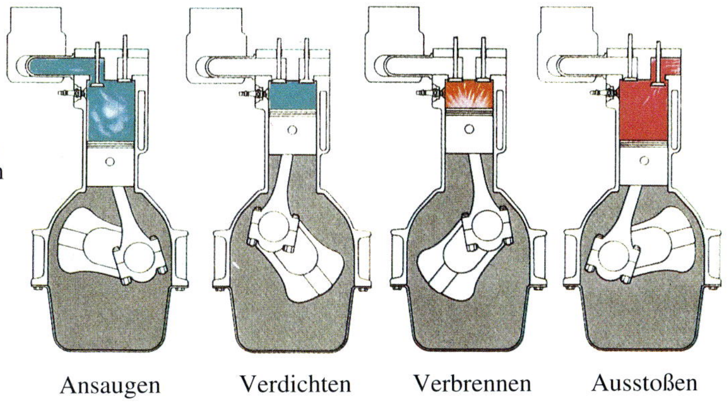

WIR FAHREN IM FORD FORT *rechts* Das Modell T von Ford wurde 1908 als erstes Automobil in Fließbandproduktion gebaut (bis 1927 mehr als 15 Mio. Exemplare). Es war bereits 1910 mit Frontmotor und Hinterradantrieb ausgestattet. Die Kraftübertragung vom Viertaktmotor auf die Antriebsräder erfolgte über eine Antriebswelle.

IM INNERN DES MOTORS Ein Morris-Motor von 1925: Die Kolben des Vierzylinder-Motors bestehen aus Aluminium. Die Nockenwelle steuert das Öffnen der Ventile, geschlossen werden sie von Federn. Die Kurbelwelle überträgt die Motorkraft auf das Getriebe. Die Kupplung trennt das Getriebe vom Motor, während der Fahrer einen Gang einlegt.

Kino

RUNDHERUM
Etwa 1870 erfand Eadweard Muybridge ein Gerät zur Projektion bewegter Bilder. Die Bildfolge bestand aus Fotografien, die auf eine runde Glasscheibe übertragen wurden. Wenn die Scheibe rotierte, bewegten sich die Bilder.

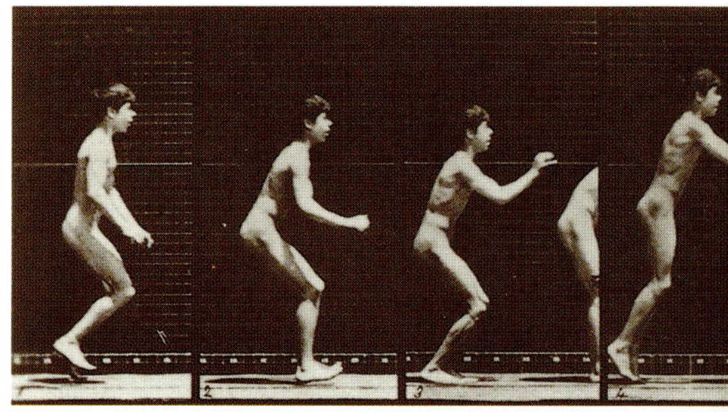

Der englische Arzt P.M. Roget beschrieb 1824 erstmals das Phänomen der stroboskopischen Bewegungstäuschung. Er stellte fest, dass bei schneller Betrachtung einer Serie einzelner Bewegungspositionen die Bilder scheinbar zu einer fließenden Bewegung verschmelzen. Schon bald verstand man es, aus einer Reihe statischer Einzelbilder bewegte Bilder herzustellen, und innerhalb von zehn Jahren entwickelten Wissenschaftler auf der ganzen Welt die unterschiedlichsten Geräte zur Darstellung dieser Illusion. Viele dieser Maschinen waren nichts anderes als Kuriositäten oder Spielzeuge, aber zusammen mit einer verbesserten Beleuchtungstechnik für die Laterna magica und Fortschritten in der Fotografie boten sie die Grundlage zur Entwicklung der Kinematographie. Die französischen Brüder Auguste und Louis Lumière veranstalteten vor etwa 100 Jahren die erste erfolgreiche öffentliche Kinovorstellung. Ihr „Cinématographe“ diente sowohl zur Aufnahme als auch zur Wiedergabe von Filmen aus Zelluloid.

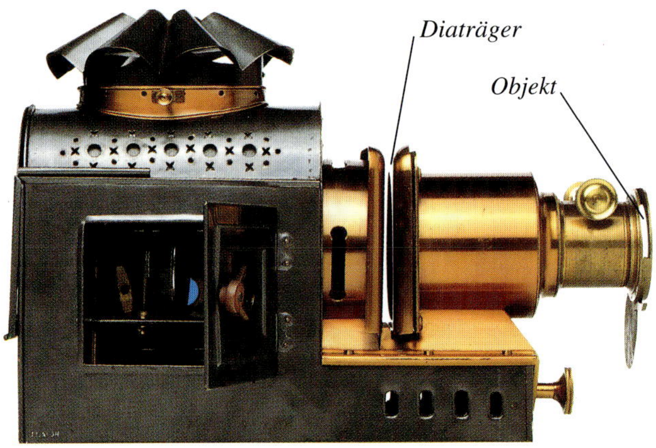

LATERNA MAGICA *oben*
Die Laterna magica (lat: magische Laterne) projiziert mithilfe einer Lichtquelle und eines Objektivs Bilder auf eine Leinwand. Anfangs diente eine Kerze als Lichtquelle, später Kalklicht oder Bogenlampen.

LEINWANDHELDEN
Bei den ersten Kinovorstellungen in Europa wurde das System der Brüder Lumière angewandt. 1895 eröffneten sie selbst ein Filmtheater im Keller eines Cafés.

LAUFENDE BILDER
Der Kinematograph der Brüder Lumière arbeitete nach dem Prinzip der Laterna magica, die Bilder befanden sich jedoch auf einem zusammenhängenden Filmstreifen.

Ein früher Filmemacher bei der Arbeit

Diese Blende schützt das Objektiv vor Streulicht.

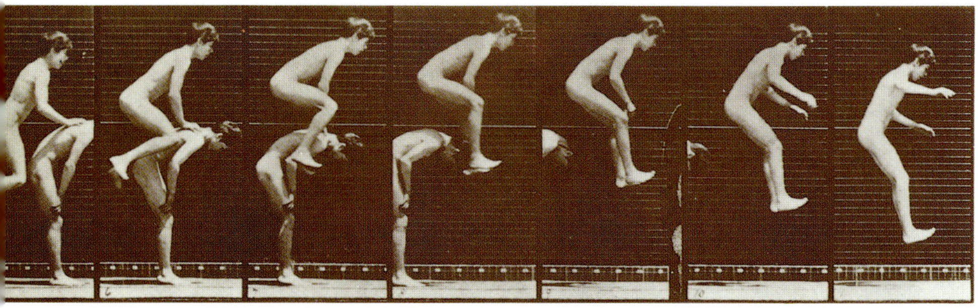

BEWEGTE BILDER *oben*
Nach 1880 machte Muybridge viele Bilderserien von Bewegungsabläufen bei Menschen oder Tieren. Er stellte 12 und mehr Kameras nebeneinander und verwendete elektromagnetische Kameraverschlüsse, die genau dann ausgelöst wurden, wenn sich seine Modelle an den Kameras vorbeibewegten.

LAUFENDE METER *rechts*
Die Bildfrequenz bei Spielfilmen beträgt zwischen 16 und 24 Bildern in der Sekunde. Für längere Filme benötigt man viele Meter Filmmaterial. Diese englische Kamera von 1909 hat zwei Magazine für 120 m Film. Der Film bewegt sich aus dem oberen Magazin am Bildfenster vorbei in das untere Magazin.

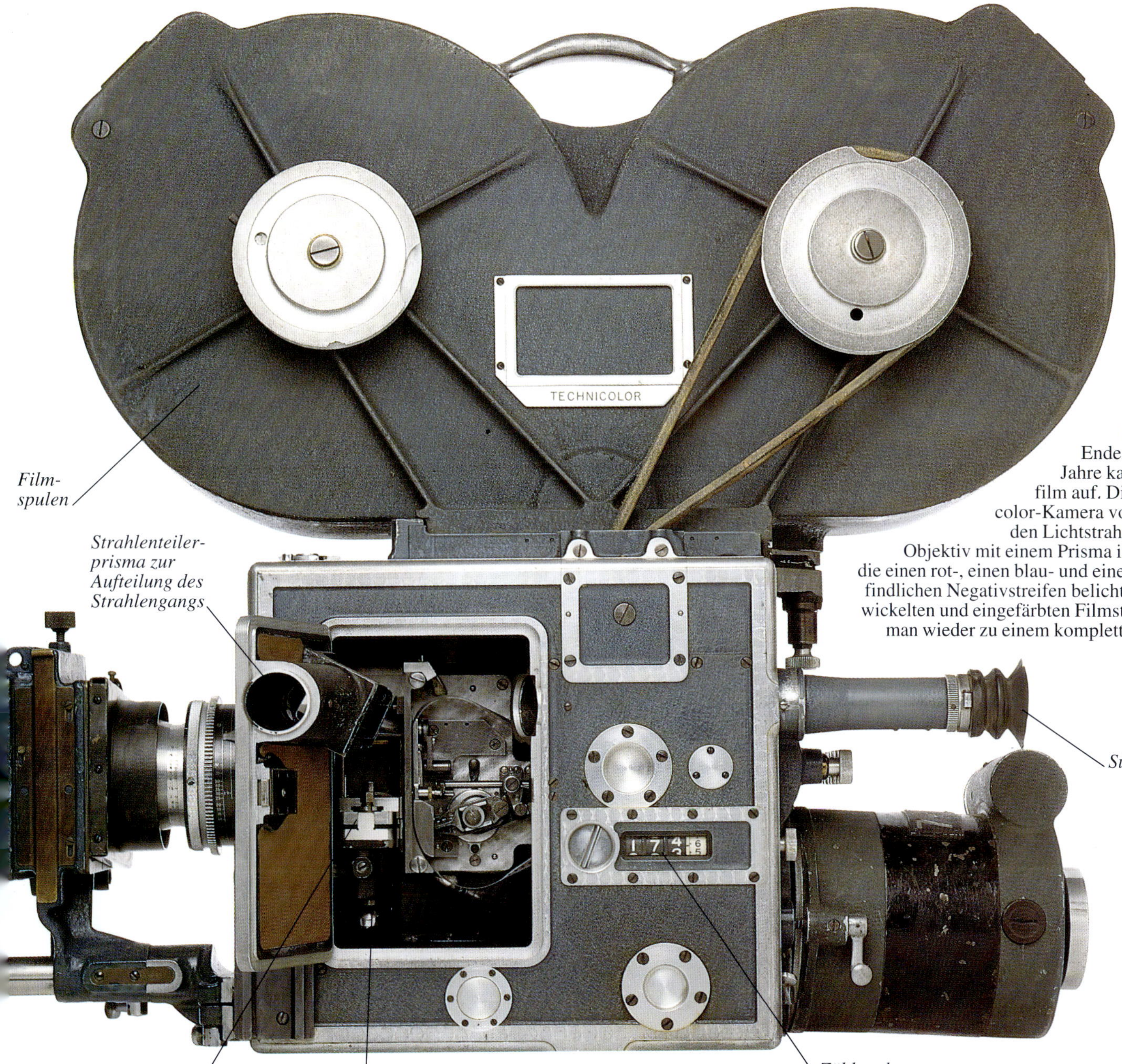

IN FARBE
Ende der 1940er-Jahre kam der Farbfilm auf. Diese Technicolor-Kamera von 1932 teilt den Lichtstrahl hinter dem Objektiv mit einem Prisma in drei Teile, die einen rot-, einen blau- und einen grünempfindlichen Negativstreifen belichten. Die entwickelten und eingefärbten Filmstreifen fügte man wieder zu einem kompletten Farbfilm zusammen.

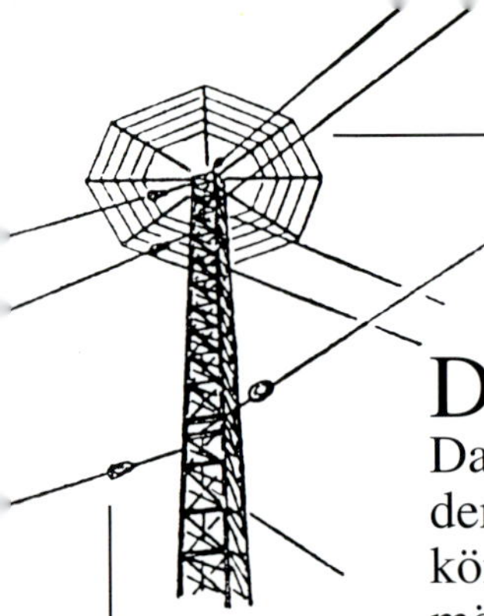

Das Radio

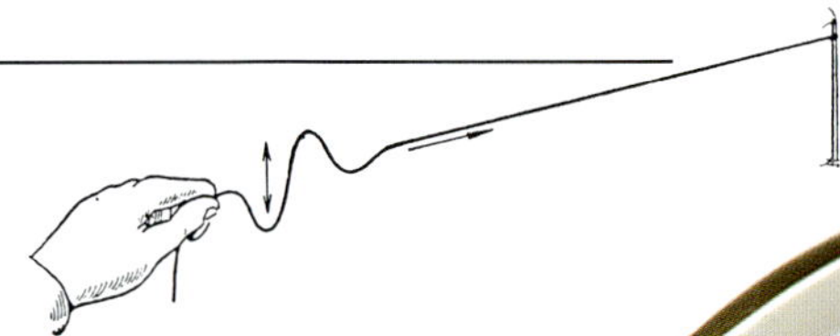

Das erste Radio baute Guglielmo Marconi, als er in der elterlichen Dachkammer nahe Bologna experimentierte. Er war fasziniert von der Idee mithilfe von Radiowellen Nachrichten übermitteln zu können. Seine Erfindung sollte die Welt verändern, denn sie ermöglichte die drahtlose Kommunikation über weite Strecken und sie leitete eine Revolution auf dem Unterhaltungssektor ein. Als Sender verwendete er einen elektromagnetischen Schwingkreis, den Hertz'schen Dipol, und mit einer Erfindung des Franzosen Edouard Branly, dem Fritterempfänger, verwandelte er die elektromagnetischen Wellen wieder in elektrischen Strom. 1894 betrieb Marconi zunächst eine elektrische Klingel, indem er Radiowellen quer durch das Zimmer sendete. Acht Jahre später schaffte er die erste Funkverbindung über den Atlantik (4800 km).

HEINRICH HERTZ
Ein Kondensator, der sich entlädt, erzeugt in einem benachbarten Stromkreis einen elektrischen Strom. 1888 untersuchte der deutsche Physiker Heinrich Hertz auf diese Weise elektromagnetische Wellen, zu denen Radiowellen, sichtbares Licht, infrarote und ultraviolette sowie Röntgenstrahlen gehören.

Glaskolben

Positive Elektrode (Anode)

Glühfaden als negative Elektrode (Kathode)

Diode

Anschlusskabel für eine Batterie

GLEICHGERICHTET
Die ersten Rundfunkempfänger waren nicht sehr empfindlich. Im Jahre 1904 benutzte der Engländer John Ambrose erstmals eine Diode (eine Röhre mit zwei Elektroden) als Empfänger für Radiowellen. Es handelte sich dabei um eine sog. Glühkathodenröhre. Dioden verwandeln Wechselstrom in Gleichstrom und können in Stromkreisen als Gleichrichter verwendet werden.

Gitter

Triode

TRÄGERWELLEN
Glühkathodenröhren wie diese Triode von 1906 haben eine dritte Elektrode, das Gitter, das sich zwischen Glühkathode und Anode befindet. Die mithilfe einer solchen Röhre verstärkten Signale können mit speziellen Radiowellen, sog. Trägerwellen, über große Entfernungen übertragen werden.

KRISTALLDETEKTOR
Als in den frühen 1920er-Jahren die ersten Rundfunkstationen auf Sendung gingen, war das Herzstück der Empfänger ein Silizium- oder Bleiglanzkristall, auf den eine sehr feine Nadelspitze gesetzt wurde. Da die Radiosignale sehr schwach waren, musste man Kopfhörer benutzen. Die elektrischen Signale wurden auf meist elektromagnetischem Weg in Schallwellen verwandelt.

IM ÄTHER
Marconis Prinzip der drahtlosen Telegrafie ermöglichte die ungehinderte Kommunikation über Länder und Meere.

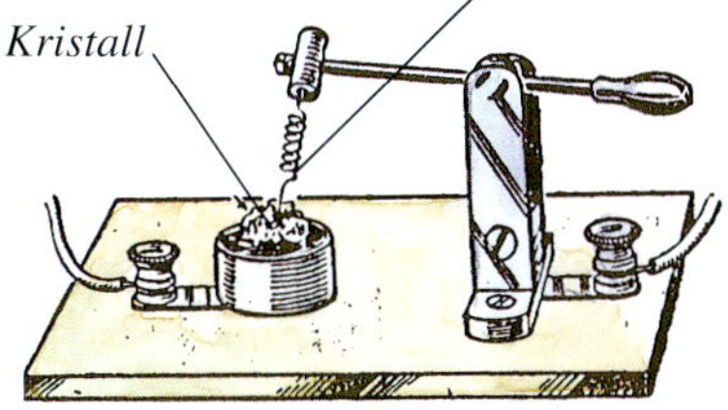

DER KRISTALLDETEKTOR
Die Nadelspitze und der Kristall müssen sich in einem Punkt berühren. Es war nicht einfach, eine solche Verbindung herzustellen und Kristalldetektoren waren schwierig zu bedienen. Sie wurden recht bald durch Röhrenempfänger verdrängt.

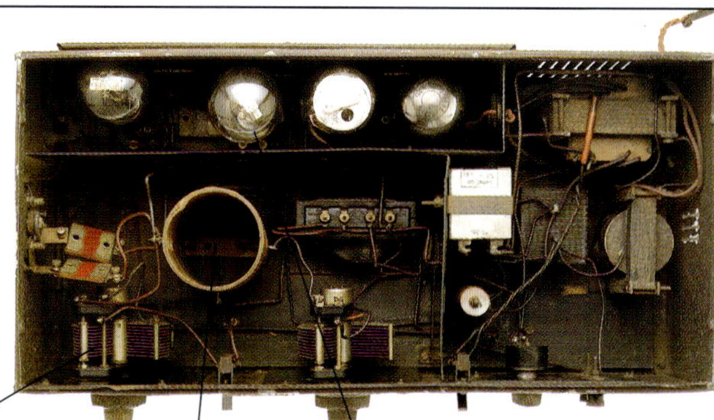

SCHWERGEWICHT
Radios mussten mit Gleichstrom betrieben werden. Weil das öffentliche Stromnetz bis in die 1940er-Jahre noch nicht sehr gut ausgebaut war, besaßen die Rundfunkempfänger starke Batterien. Das machte die Geräte groß und schwer. Das abgebildete Modell benötigte außerdem einen externen Lautsprecher.

BILD UND TON
Röhren, wie diese Triode, ermöglichten in den 1920er-Jahren nicht nur Marconis erste Sprachübertragung von England nach Australien, sondern auch die Entwicklung von Fernsehkameras, -sendern und -empfängern.

MASSENMEDIUM
In den 1920er-Jahren wurden viele Sendestationen errichtet und die Sendungen erreichten viele Haushalte in Europa und den USA.

GUTER EMPFANG
Dieser frühe Röhrenempfänger besaß einen eingebauten Lautsprecher.

IN GUTER GESELLSCHAFT
Dieser Ausschnitt aus einem Gemälde von W.R. Scott zeigt eine weihnachtliche Festgesellschaft um ein Radiogerät versammelt. 1922, als dieses Bild entstand, stellte das Radio für die meisten Menschen noch eine Attraktion dar.

Erfindungen für den Haushalt

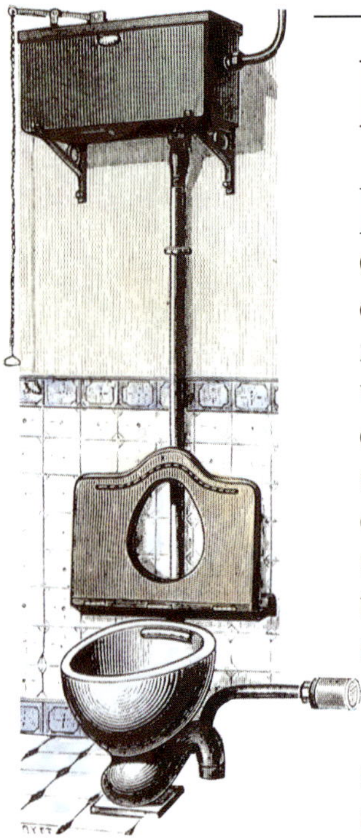

DAS WASSERKLOSETT
Bereits 1596 veröffentlichte Sir John Harrington die Beschreibung einer Toilette mit Wasserspülung. Die Idee ließ sich jedoch nicht verwirklichen, bis in den großen Städten ein Kanalisationsnetz eingerichtet wurde. So erhielt London zum Beispiel erst 1860 ein Kanalisationsnetz. Bis zu dieser Zeit war das WC mehrfach verbessert worden.

Michael Faraday (1791–1867) erfand 1831 einen Generator für elektrischen Strom. Es sollte jedoch noch viele Jahre dauern, bis die Elektrizität im Haushalt eingesetzt wurde. Zunächst waren es Fabriken und große Gebäude, die mit eigenen Stromgeneratoren elektrische Lampen speisten. 1879 wurde die elektrische Glühbirne der Öffentlichkeit vorgestellt und 1882 entstand in New York das erste große Elektrizitätswerk. Als man feststellte, wie sehr bestimmte Hilfsmittel die tägliche Hausarbeit erleichtern konnten, wurden mechanische Haushaltsgeräte, wie etwa der frühe Staubsauger, weiterentwickelt und elektrifiziert. Da das Bürgertum immer weniger Hausangestellte beschäftigte, gewannen die arbeitssparenden Haushaltsgeräte rasch an Popularität. Um 1920 versah man Mixer und Haartrockner mit Elektromotoren; elektrische Kessel, Kocher und Öfen kamen auf, die die Wärmewirkung der Elektrizität ausnutzten. Einige dieser Elektrogeräte haben sich seither kaum verändert.

FÜR KÜHLE KÖPFE
Der elektrische Kühlschrank kam in den 1920er-Jahren in Gebrauch und revolutionierte die Vorratshaltung.

TEATIME
Dieser automatische Teekocher aus dem Jahr 1902 besteht aus einem System von Hebeln und Federn und wird mit Dampf betrieben. Wenn der Tee fertig ist, läutet die Glocke.

HEISSER DRAHT
Bis ins 19. Jh. kochte man sämtliche Speisen über dem Feuer. 1879 wurde ein Herd erfunden, in dem isolierte elektrische Heizdrähte den Kochtopf umgaben. Eiserne Kochplatten, die durch Heizdrähte erhitzt wurden, kamen gegen Ende des 19. Jh.s in Gebrauch. Seit den 1920er-Jahren gibt es moderne Heizelemente in vielen verschiedenen Formen.

HEISSES WASSER
Bei diesem elektrischen Wasserkessel von 1921 befand sich das Heizelement erstmals vollständig im Kesselinnern. Die Heizelemente früherer Modelle waren im Boden des Kessels eingebaut, wodurch viel Hitze verloren ging.

GUT GEMISCHT
Dieser Rührmixer von 1918 hat zwei Rührstäbe, die mit einem Elektromotor betrieben werden. Ein Scharnier ermöglichte es, den Mixer nach oben zu klappen.

EIN TREUER DIENER
Dieser Fön von 1925 besitzt Heizdrähte und einen kleinen Ventilator, ein Aluminiumgehäuse und einen Holzgriff. Man kann zwischen zwei Heizstufen wählen.

WARM GEHALTEN
Frühe elektrische Heizgeräte arbeiteten mit einer Heizlampe: Eine spezielle, einseitig beschichtete Glühbirne war vor einem Reflektor angebracht, der die Wärmewirkung verstärkte.

DAS ELEKTRISCHE BÜGELEISEN
Das erste elektrische Bügeleisen wurde von einer Bogenlampe erhitzt und war hochgefährlich. 1882 wurde ein sichereres Bügeleisen mit elektrischen Heizdrähten zum Patent angemeldet.

IM WECHSEL *links*
Vom 18. bis zum 20. Jh. benutzte man Bügeleisen paarweise. Während das eine Eisen über der Glut des Ofens erhitzt wurde, konnte man mit dem anderen bügeln.

SCHNELLKOCHTOPF
1679/80 erfand der Franzose Denis Papin den Dampfkochtopf. Er nannte ihn den „neuen Verdauungshelfer“. In dem fest verschließbaren Topf herrscht ein hoher Druck und die Speisen werden durch die sehr hohe Temperatur schnell gar.

HAUSPUTZ *rechts*
Diese unhandlichen mechanischen Blasebalg-Staubsauger vom Beginn unseres Jahrhunderts mussten zwei Personen bedienen. Ab 1908 stellte der Amerikaner William Hoover dann elektrische Staubsauger her.

Die Kathodenstrahlröhre

Der Physiker William Crookes arbeitete 1887 mit einer Glasröhre, in der sich zwei Metallelektroden befanden. Wenn er eine hohe elektrische Spannung anlegte und die Luft aus der Röhre saugte, floss zwischen den Elektroden ein elektrischer Strom, der mit einem Leuchten verbunden war. War in der Röhre fast ein Vakuum erreicht, erlosch das Leuchten, doch das Gas selbst begann zu glühen. Crookes nannte die Strahlung, die dies verursachte, Kathodenstrahlung; tatsächlich war es ein unsichtbarer Elektronenstrahl. Ferdinand Braun beschichtete später die Wandung einer Röhre mit einer Substanz, die beim Auftreffen von Kathodenstrahlung leuchtete. Diese Röhre war die Vorläuferin der modernen Fernsehbildröhre.

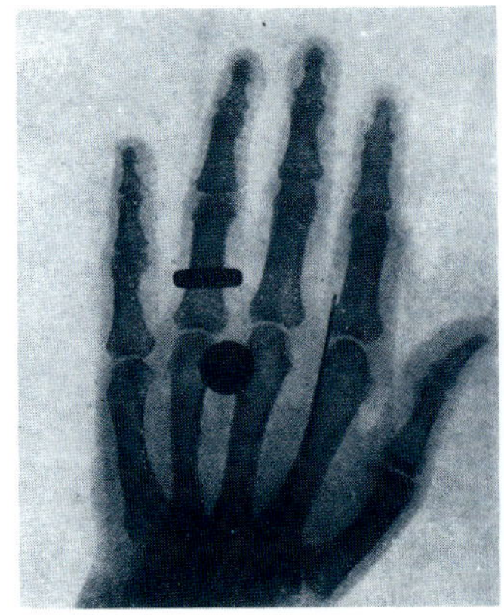

1895 entdeckte Wilhelm Röntgen die Röntgen-Strahlung mithilfe einer ähnlichen Röhre, wie Crookes sie verwendet hatte.

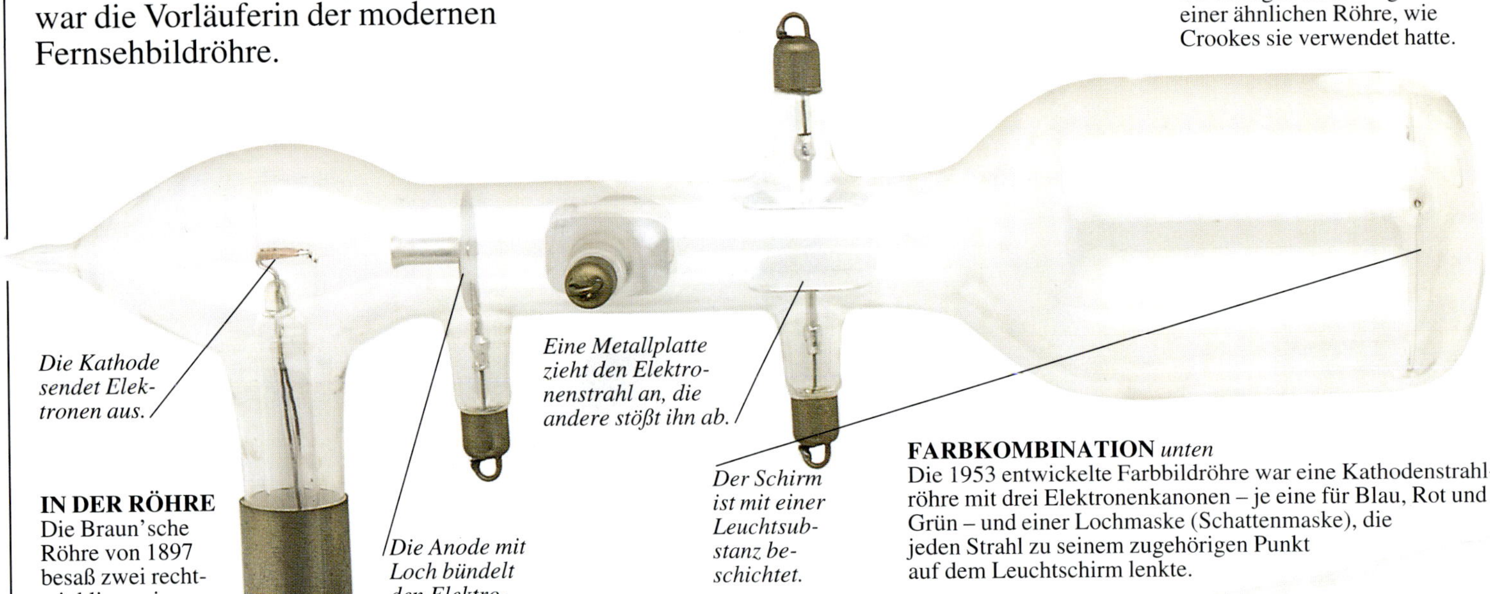

IN DER RÖHRE
Die Braun'sche Röhre von 1897 besaß zwei rechtwinklig zueinander montierte Metallplattenpaare. Der Leuchtschirm war mit einer phosphoreszierenden Substanz beschichtet. Mit einer variablen elektrischen Spannung an den Plattenpaaren konnte Braun den Elektronenstrahl (oder Kathodenstrahl, weil er von der Kathode ausging) auf jeden Punkt des Schirms richten und diesen zum Leuchten anregen.

FARBKOMBINATION *unten*
Die 1953 entwickelte Farbbildröhre war eine Kathodenstrahlröhre mit drei Elektronenkanonen – je eine für Blau, Rot und Grün – und einer Lochmaske (Schattenmaske), die jeden Strahl zu seinem zugehörigen Punkt auf dem Leuchtschirm lenkte.

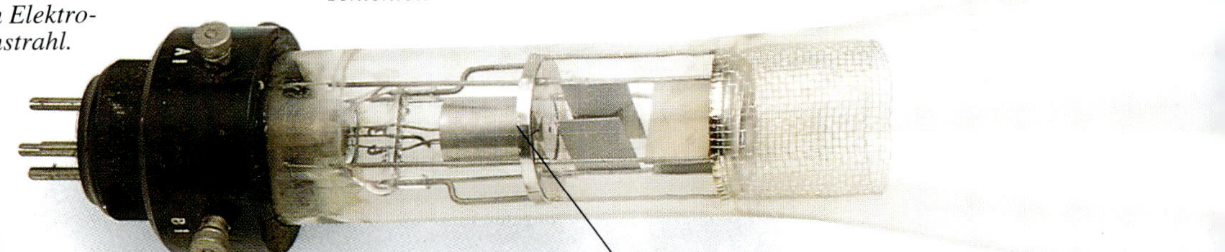

UNBEKANNTE GRÖSSE *links*
Der deutsche Physiker Wilhelm Röntgen bemerkte, dass die Kathodenstrahlröhre bei sehr großer elektrischer Spannung noch eine andere, unbekannte Strahlung abgab: Röntgenstrahlen. Diese wurden im Gegensatz zur Kathodenstrahlung weder von elektrisch geladenen Platten noch von Magneten abgelenkt. Sie durchdrangen verschiedene Materialien und schwärzten Fotoplatten.

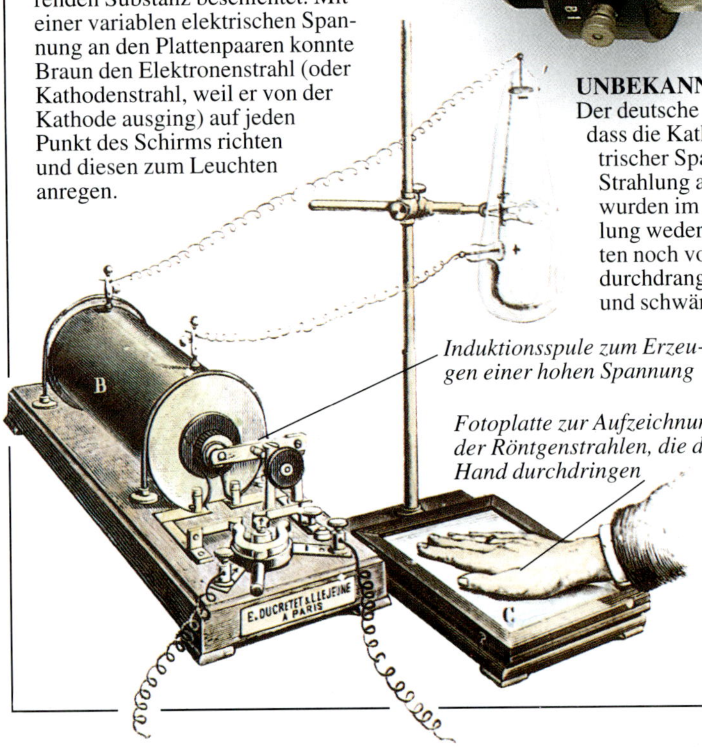

VOLLE DREHUNG
1884 entwickelte Paul Nipkow ein System drehbarer Scheiben mit spiralförmig angeordneten Löchern, mit dem er Bilder auf einen Schirm projizieren konnte. 1926 benutzte der schottische Erfinder John Logie Baird (im Bild sitzend) diese Nipkow-Scheibe für die erste Fernsehübertragung.

DAS ÖFFENTLICHE FERNSEHEN
1936 begann die BBC aus diesem Studio in London mit öffentlichen Fernsehübertragungen. Zunächst wurden Bairds System und die Kathodenstrahlröhre parallel verwendet, doch die Röhre setzte sich wegen der besseren Qualität durch. 1939 nahm die RCA den ersten vollelektronischen Sendebetrieb in den USA auf.

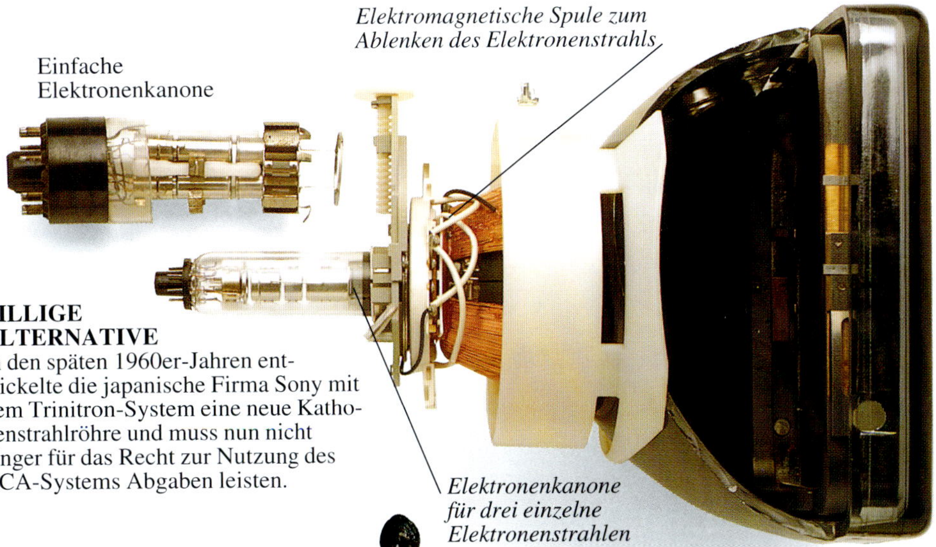

BILLIGE ALTERNATIVE
In den späten 1960er-Jahren entwickelte die japanische Firma Sony mit dem Trinitron-System eine neue Kathodenstrahlröhre und muss nun nicht länger für das Recht zur Nutzung des RCA-Systems Abgaben leisten.

IN DER ERSTEN REIHE *oben*
Die ersten Fernsehapparate hatten, wie das Modell Victor der Firma RCA, einen kleinen Bildschirm, aber ein sehr großes Gehäuse. Manche dieser Geräte kosteten so viel wie ein Kleinwagen.

SCHNELLER ALS DAS AUGE *unten*
Bis in die 1960er-Jahre waren vor allem Röhrengeräte mit Schwarz-Weiß-Technik verbreitet. Die Bildröhre hatte eine einfache Elektronenkanone, deren Elektronenstrahl sich bis zu 50-mal pro Minute über den Bildschirm bewegte. Mit fortschreitender Technik wurden die Bildröhren immer kürzer.

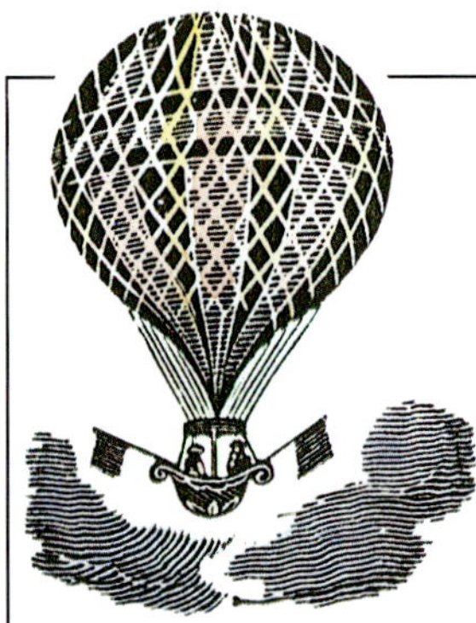

Fliegerei

Die ersten Lebewesen, die in einer von Menschen gebauten Maschine flogen, waren ein Hahn, eine Ente und ein Schaf. Sie waren die Besatzung eines Heißluftballons, den die französischen Brüder Montgolfier im September 1783 starteten. Nachdem die Tiere sicher gelandet waren, wagten es die Brüder Montgolfier, zwei ihrer Freunde, Pilâtre de Rozier und den Marquis d'Arlandes, auf einen 25-minütigen Rundflug über Paris zu schicken. Pioniere des Motorflugs waren die Engländer William Henson und John Stringfellow, die 1840 ein Modellflugzeug mit Dampfmaschinenantrieb bauten. Allerdings wird es wegen seines großen Gewichts kaum geflogen sein. Der Deutsche Otto Lilienthal flog als erster Mensch mit einem Gleitflieger längere Strecken. Die amerikanischen Gebrüder Wright waren die Ersten, die mit einem bemannten Flugzeug einen kontrollierten Motorflug durchführten. Ihr *Flyer* von 1903 wurde von einem leichten Benzinmotor angetrieben.

LUFTFRACHT
Der „fliegende Dampfwagen" von Henson und Stringfellow wurde in vielen Details von späteren Konstrukteuren aufgegriffen. Er besaß einen Schwanz mit Höhen- und Seitenruder und nach oben geneigte Flügel. Das etwas ungewöhnliche Flugzeug ist unerwartet zweckmäßig.

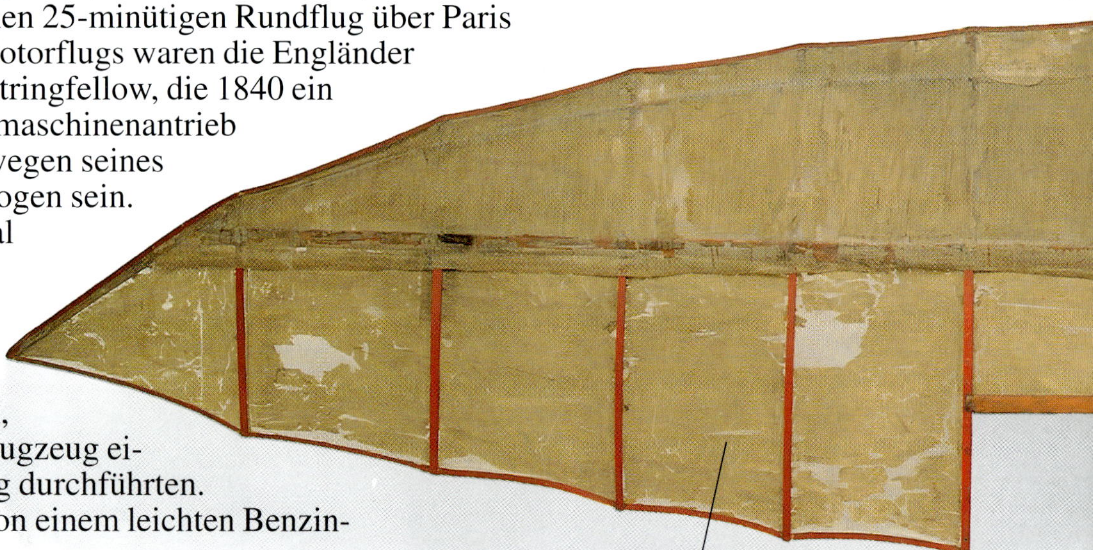

DER ERSTE FLUG *unten*
Am 4. Juni 1783 führten Joseph und Etienne Montgolfier einen Heißluftballon aus Papier vor. Er stieg bis in die Höhe von etwa 1800 m. Noch im selben Jahr ließen die Brüder einen bemannten Ballon starten.

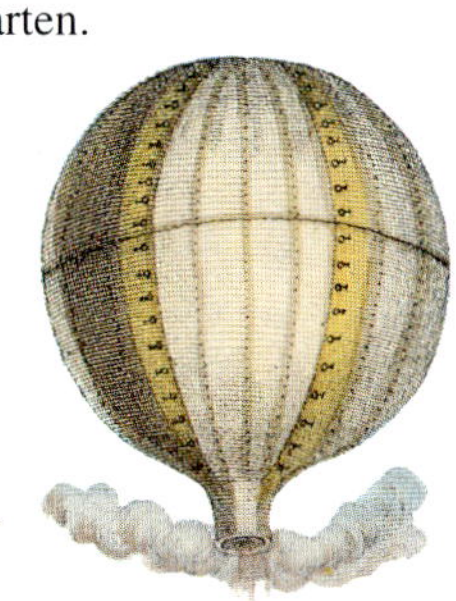

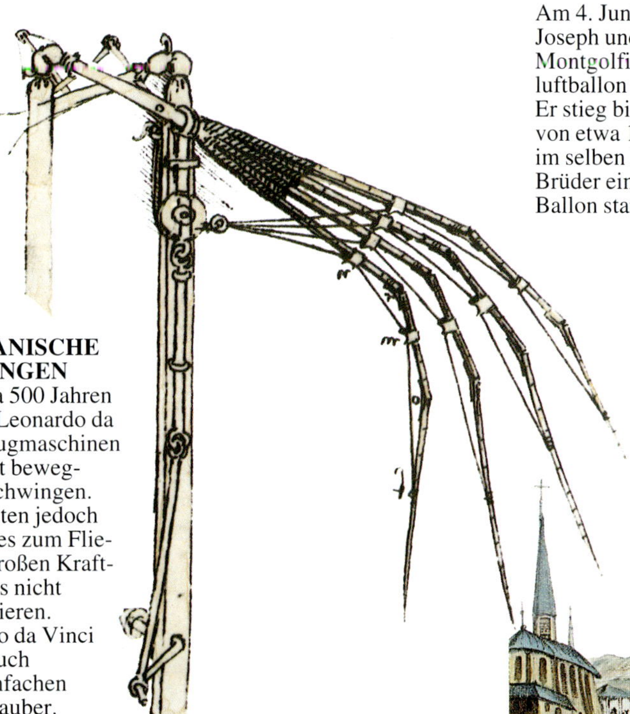

MECHANISCHE SCHWINGEN
Vor etwa 500 Jahren entwarf Leonardo da Vinci Flugmaschinen mit meist beweglichen Schwingen. Sie konnten jedoch wegen des zum Fliegen zu großen Kraftaufwands nicht funktionieren. Leonardo da Vinci ersann auch einen einfachen Hubschrauber.

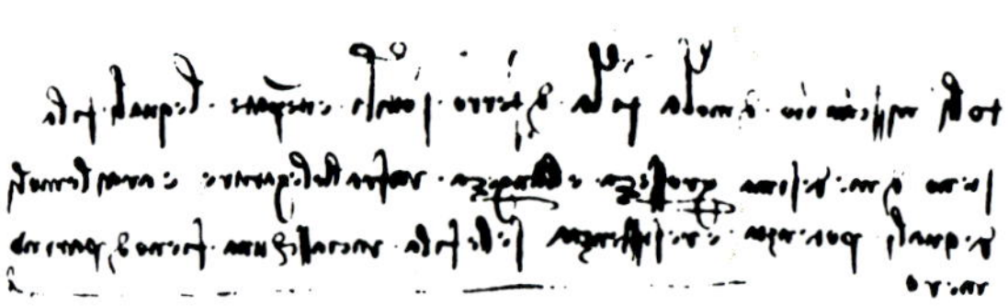

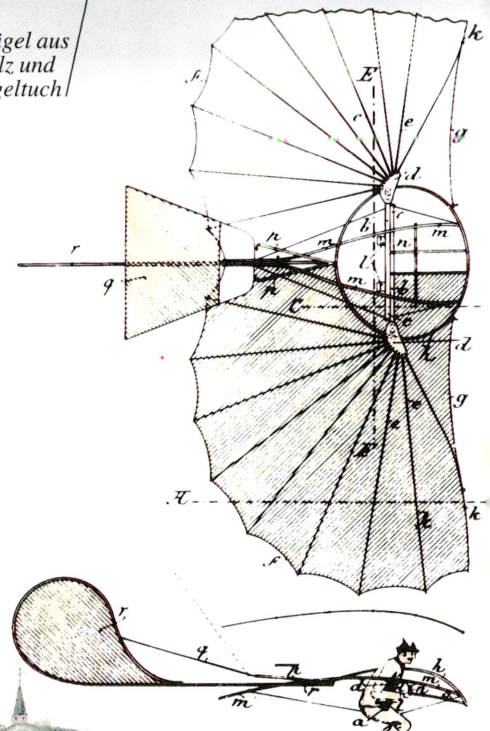

FREIER FLUG *oben*
Das erste bemannte Gleitflugzeug baute Otto Lilienthal. Nach vielen erfolgreichen Versuchen von 1891 bis 1896 verunglückte er tödlich. Seine Arbeit brachte grundlegende Erkenntnisse über die Steuerung von Flugmaschinen.

SCIENCEFICTION *rechts*
Dieser Entwurf einer Flugmaschine erschien in Jules Vernes Buch *Der Herr der Welt*. Verne beschreibt den Antrieb nur ungenau, der Entwurf im Ganzen ist unzweckmäßig.

FLIEGENDE DAMPFMASCHINE *links*
Henson und Stringfellow verwendeten für die beiden Propeller ihres Modellflugzeugs eine leichte Dampfmaschine, die einzige bekannte Antriebsart jener Zeit.

UNTER KONTROLLE *oben*
Drei Jahre lang studierten die amerikanischen Brüder Wilbur und Orville Wright die Steuerung von Flugmaschinen an Fluggleitern. Beim *Flyer* lag der Pilot auf den unteren Tragflächen und lenkte das Flugzeug auf der Rollbahn durch Verstellen der Tragflächenneigung. Die Flugmaschine besaß außerdem Höhen- und Seitenruder.

DER ERSTE MOTORFLUG
Am 17. Dezember hob der *Flyer* mit Orville Wright als Pilot in der Nähe von Kitty Hawk in North Carolina vom Boden ab. Die Maschine stieg drei Meter in die Höhe und landete nach 12 Sekunden hart. Der Rekord an diesem Tag lag bei 59 Sekunden und 260 m.

Kunststoffe

Kunststoffe lassen sich sehr leicht in beliebige Formen bringen. Zuerst waren sie nur ein billiger Ersatz für Naturstoffe, doch bald erkannte man, dass Kunststoffe eigene nützliche Eigenschaften besitzen. Kunststoffe bestehen aus riesigen Molekülen, die durch den Prozess der Polymerisation aufgebaut werden. Der erste Kunststoff, das Zelluloid, entstand durch die chemische Abwandlung von Zellulosemolekülen, die in den meisten Pflanzen vorkommen. Der erste vollsynthetische Kunststoff war das Bakelit, das 1909 erfunden wurde. In den 1920er- und 1930er-Jahren entwickelten die Chemiker Verfahren zur Herstellung von Kunststoffen aus Bestandteilen des Erdöls. Sie schufen Stoffe mit einer erstaunlichen Vielfalt von Eigenschaften wie Hitzebeständigkeit, elektrische Leitfähigkeit und Formbarkeit. Heute sind Kunststoffe wie Polyäthylen, Nylon und Acryl weit verbreitet.

FALSCHES ELFENBEIN
Die frühen Kunststoffe ähnelten in Aussehen und Konsistenz dem Elfenbein. Man verwendete sie für Messergriffe und Kämme.

In einer Form gepresste Verzierung

DER ERSTE KUNSTSTOFF *rechts*
1862 stellte Alexander Parkes ein hartes Material her, das man in Formen pressen konnte. Das „Parkesin" war der erste halbsynthetische Kunststoff.

Harte, glatte Oberfläche

HITZEBESTÄNDIG
Der Chemiker Leo Baekeland, ein gebürtiger Belgier, der in Amerika arbeitete, stellte aus Bestandteilen des Steinkohlenteers einen Kunststoff her. Bakelit unterschied sich von früheren Kunststoffen, weil es bei Hitze härtete statt zu schmelzen.

FEUER UND FLAMME
Die Entwicklung des Zelluloids in den 1860er-Jahren hatte zunächst keine größeren Auswirkungen. Man benutzte den Stoff statt Elfenbein zur Herstellung von Billardkugeln und anderen kleinen Gegenständen wie dieser Puderdose. Doch 1889 begann George Eastman ihn für fotografische Filme zu verwenden. Ein Nachteil des Zelluloids war seine leichte Entflammbarkeit.

Zelluloiddose

IM GANZEN HAUS
Kunststoffe der 1920er- und 1930er-Jahre wie die Aminoplaste waren stabil, ungiftig und beliebig einfärbbar. Man stellte aus ihnen Dosen, Gehäuse für Uhren, Klaviertasten und Lampen her.

Marmorierte Oberfläche

Hitzebeständiges Bakelitgehäuse

Brille aus Acryl

Film

Kunstschwamm

Eierkarton aus Styropor

Knöpfe und Stift

Spielzeugbausteine

Nylonfaden

Schaufel und Schläger aus Polyäthylen

Einzelne Nylonfasern

Plastikschraubenschlüssel

Künstliche Blume aus Polyäthylen

PLASTIKSCHAUM
Das erstmals in den 1920er-Jahren hergestellte Polystyrol gibt es in zwei Formen: in harter Form oder als leichten Schaumstoff voller kleiner Löcher (Styropor).

NYLONSEIL
Nylonfasern sind sehr reißfest und deshalb ideal zur Herstellung von Seilen.

FORMBAR
Kunststoffe kann man beliebig formen, auch als feinmaschiges Netz.

KUNSTFASERN
Der amerikanische Chemiker Wallace Carothers entwickelte 1934 eine künstliche Seide mit der Bezeichnung Nylon. Man konnte Garn daraus herstellen, Stoffe weben und Seile flechten, die so stabil wie Drahtseile waren. 1941 wurde Polyester entdeckt, ein anderer Kunststoff, aus dem sich Fasern für Kleidung jeder Art herstellen ließen.

Der Siliziumchip

Die ersten Radios und Fernsehapparate besaßen elektrische Schaltungen mit Röhren (S.52). Diese waren groß, kurzlebig und teuer in der Produktion. 1947 erfanden Wissenschaftler der Bell Telephone Laboratories in den USA den kleineren, billigeren und zuverlässigeren Transistor. Mit der Entwicklung der Raumfahrt wuchs die Nachfrage nach noch kleineren Bauteilen und gegen Ende der 1960er-Jahre packte man tausende von Transistoren und andere elektronische Bauteile auf einen Siliziumchip mit einem Durchmesser von nur 5 mm. Bald verwendete man solche Chips auch in anderen Bereichen. Sie ersetzten die mechanische Steuerung bei technischen Geräten, von Geschirrspülmaschinen bis hin zu Kameras. In Computern ersetzten sie umfangreiche elektronische Schaltkreise. Ein Computer, der vorher die Größe eines Zimmers beansprucht hätte, passte nun auf den Schreibtisch. Es folgte eine Revolution der Informationstechnologie. Heute werden Computer überall eingesetzt: für Spiele, in Verwaltung und Industrie – auch zur Herstellung dieses Buches.

BABBAGES RECHNER
Der Urahn des Computers war Charles Babbages programmgesteuerte mechanische Rechenanlage. Heute verrichten winzige Chips die Aufgaben eines solchen sperrigen Mechanismus.

SILIZIUMKRISTALL
Silizium kommt in der Natur verbunden mit Sauerstoff als Quarz vor. Reines Silizium ist ein dunkelgraues, festes und kristallines Halbmetall.

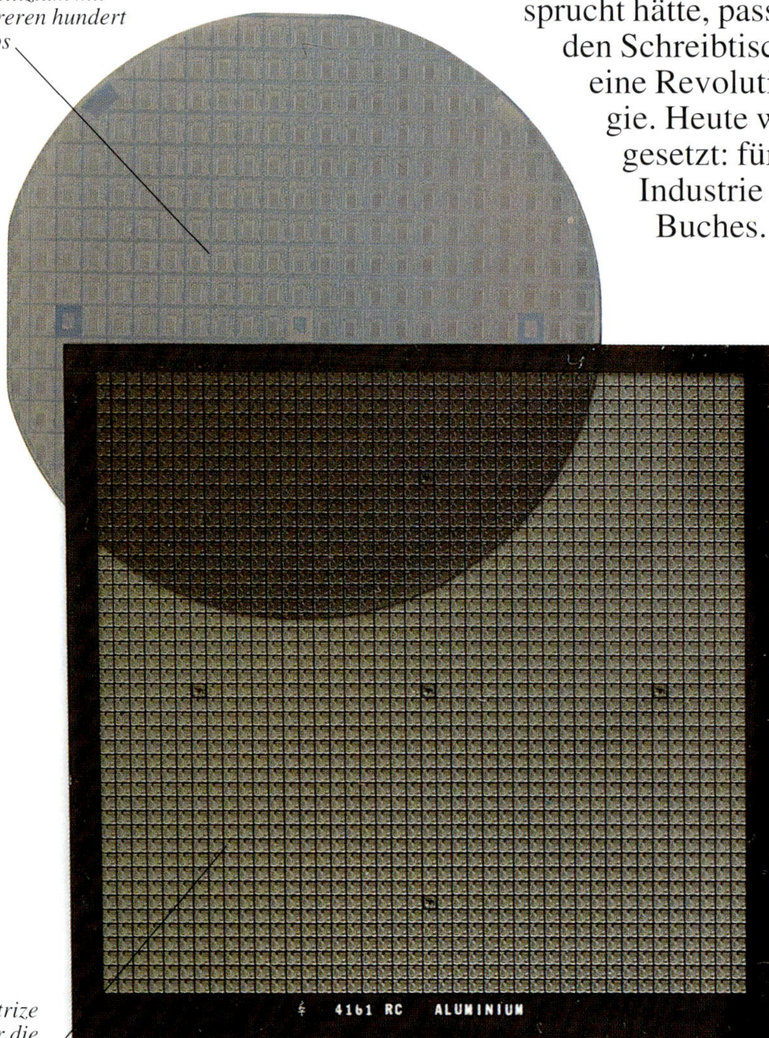

„Wafer" (dt.: Waffel) aus Silizium mit mehreren hundert Chips

Matrize für die Schaltungen

HERSTELLUNG VON CHIPS
Die Schaltungen werden schichtweise auf dem Wafer, einem 0,5 mm dünnen Plättchen aus reinem Silizium, angebracht. Zuerst bringt man gezielt chemische Substanzen auf, um die elektrischen Eigenschaften bestimmter Stellen zu verändern. Danach verbindet man die Stellen mit Aluminium als elektrischem Leiter.

Siliziumchip

Keramikgehäuse

ELEKTRONISCHE BAUSTEINE
In den frühen 1970er-Jahren entwickelt man Chips, wie z.B. Speicherchips oder Prozessorchips, für verschiedene Aufgaben. Jeder Chip ist wenige Millimeter groß und wird in einen Rahmen mit Leiterbahnen aus Kupfer, Gold oder Zinn eingesetzt. Dünne Golddrähte auf der Unterseite des Chips verbinden dessen Leiterbahnen mit denen des Rahmens. Ein Keramikgehäuse schützt die feinen elektronischen Schaltungen.

IN VERBINDUNG
Die Schaltkreise werden auf der Leiterplatte eingeätzt. Chips und andere elektronische Bauteile werden dann aufgesteckt oder angelötet.

IM WELTALL
In Raumfahrzeugen, wie diesem Satelliten, sind Computer unentbehrlich. Die Mikroprozessoren ermöglichen es, Steuereinheiten auf engstem Raum unterzubringen.

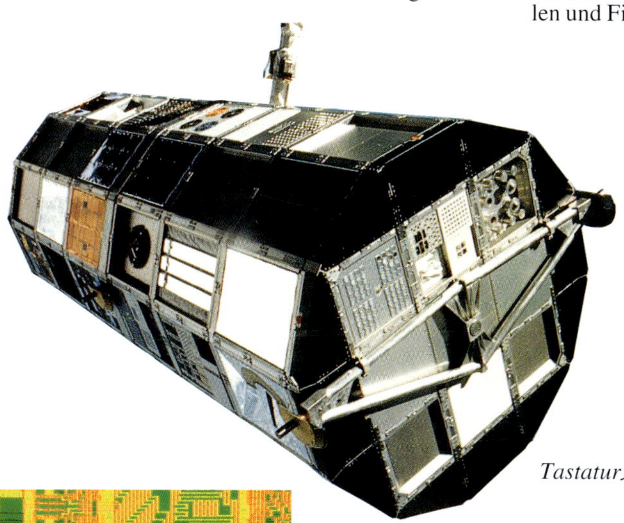

SCHREIBTISCHGEHIRN
In den späten 1970er-Jahren gab es einen Computerboom. In den USA stellte die Firma Commodore den Personalcomputer PET als einen der ersten in großer Zahl her. Er wurde in Schulen und Firmen eingesetzt.

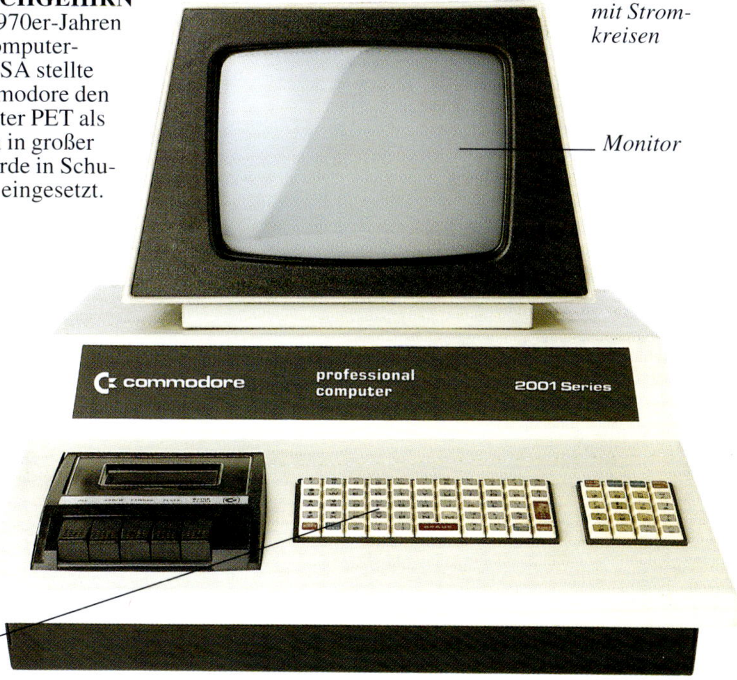

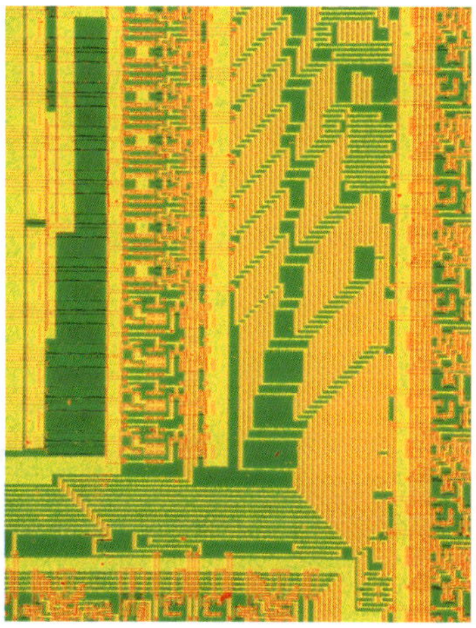

AUF DER RECHTEN BAHN
Unter dem Mikroskop sieht man auf dem Chip ein Netzwerk von Aluminiumleiterbahnen und Stellen mit elektrisch leitendem Silizium.

GUT GESCHALTET
Diese Vergrößerung zeigt die Verbindung eines Leiters mit dem Silizium. Die exakte Schaltung solch winziger Bauteile erfolgt durch Roboter.

TELEFONKARTE
Auf dieser Plastikkarte befindet sich ein Chip, der z.B. Telefondaten speichern kann. Die Karte wird über den Siliziumchip eingelesen, der auch anzeigt, wie viele Einheiten verbraucht wurden.

Register

A

Abakus 30
Acryl 61
Akkumulator 39
Appert, Nicholas 6
Archer, Frederick Scott 41
Archimedes 8, 9, 24
Arkwright, Richard 37
Automobil 12, 48

B

Babbage, Charles 62
Baekeland, Leo 60
Bakelit 60
Balkenwaage 3
Basch, Samuel von 43
Batterie 38
Beleuchtung 20
Bell, Alexander Graham 44, 46
Bell, Chichester 46
Benz, Karl 48
Berliner, Emile 46
Biro, Georg und Ladislaus 19
Bogenlampe 55
Bohrer 8, 9, 11
Bohrwinde 2
Braun, Ferdinand 56
Braun'sche Röhre 56
Brille 28, 61
Bronze 10, 11, 14, 15
Buchdruck 18, 25

C

Calotypie 40
Campbell, John 35
Canaletto 40
Chip 62, 63
Computer 62, 63
Crompton, Samuel 37
Crookes, William 56

D

Daguerre, Louis Jacques 40
Daimler, Gottlieb 48
Damaszieren 14, 15
Dampf 32, 33, 54
Dampfmaschine 32, 33, 48, 58, 59
Danfrie, Philippe 35
Daniell, John Frederic 39
Dechsel 10, 11
Diode 52
Donkin 6

E

Eastman, George 41, 60
Edison, Thomas Alva 7, 44, 45, 46
Eisen 14, 15, 55
Elektrizität 38, 54
Endoskop 43
Erz 14

F

Faraday, Michael 54
Fernglas 29
Fernrohr 28
Fernsehen 56
Feuerstein 8, 10, 11, 21
Film 41, 51
Flugzeug 58, 59
Fotografie 40, 41, 50
Franklin, Benjamin 38
Fritterempfänger 52
Füllfederhalter 2

G

Galilei, Galileo 28
Galvani, Luigi 38
Gassner, Carl 39
Generator 54
Getriebe 49
Glasherstellung 6
Glühbirne 7, 54
Glühkathodenröhre 52
Griffel 18, 31
Gutenberg, Johannes 26, 27

H

Haartrockner 54, 55
Hall, Chester Moor 28
Halladay, John 25
Harrington, Sir John 54
Harvey, William 43
Heißluftballon 58
Heizelement 54
Henson, William 58
Heron von Alexandria 32
Hertz, Heinrich 52
Hochofen 15
Hoover, William 55
Huygens, Christiaan 23

I J

Informationstechnologie 62
Judson, Whitcomb 7

K

Kalklicht 50
Kamera 40, 41, 51
Keimfrei 43
Kerze 20, 21, 43, 50
Kessel 32
Kompass 5, 35
Königsbaum 25
Kran 24
Kugelschreiber 3, 18, 19
Kühlschrank 54
Kunststoff 46, 60, 61
Kupfer 14, 44

L

Laënnec, René 43
Laterna magica 50
Lautsprecher 44, 45, 52
Leeuwenhoek, Antoni van 29
Leiterplatte 63
Lenoir, Etienne 48
Leuchtturm 35
Licht 20, 21, 28, 35, 40, 52
Lilienthal, Otto 58
Linse 40
Lister, Joseph 43
Loud, John H. 19
Lumière, Auguste und Louis 50

M

Magneteisenstein 34
Marcarius, Joannes 15
Marconi, Guglielmo 52
Maßstab 22
Meikle, Andrew 25
Messlatte 17, 35
Metallverarbeitung 16
Mikroelektronik 46
Mikrofon 44, 45
Mikroskop 28, 29
Montgolfier, Gebrüder 58
Morsen 44
Motor 48
Muybridge, Eadweard 50, 51

N

Nadel 22, 42, 46
Napier, John 31
Narkose 42
Navigation 34
Newcomen, Thomas 32
Niepce, Joseph Nicéphore 40
Nipkow, Paul 56

O

Objektiv 29, 40, 50, 51
Oktant 34
Optische Geräte 28
Otto, Nikolaus 48
Ottomotor 48

P

Papier 7, 19, 46, 58
Papin, Denis 55
Papyrus 18
Parkes, Alexander 60
Pascal, Blaise 31
Pendel 22
Pflug 3, 6, 7
Phonograph 66
Planté, Gaston 39
Poulsen, Valdemar 47
Pratt, William 31
Pravaz, Charles Gabriel 42
Prisma 51

Q

Quadrant 29

R

Rad 12, 13, 24
Radio 52, 53
Radioröhre 2
Raumfahrt 62
Rechenschieber 30
Reißverschluss 7
Riegel 7
Roget, P.M. 50
Röntgen, Wilhelm 56
Röntgenstrahlen 52, 56
Rozier, Pilâtre de 58
Rührmixer 55

S

Säge 11
Sanduhr 23
Savery, Thomas 32
Schallplatte 46
Scheibenrad 13
Schere 6
Schmieden 14
Schulze, Johann Heinrich 40
Sender 52
Setzer 27
Sextant 35
Siliziumchip 62
Sonnenuhr 4, 22
Sphygmomanometer 43
Spiegel 28, 29
Spinnen 36, 37
Staubsauger 55
Stephenson, George 33
Stethoskop 42, 43
Stoff 36
Strebenrad 2, 13
Streichholz 7
Stringfellow, John 58, 59
Su Sung 23
Sundback, Gideon 7
Swan, Joseph 7

T

T'sai Lun 7
Tainter, Charles 46
Talbot, W.H. Fox 40
Telefon 45
Telefonkarte 63
Telegrafie 44
Teleskop 28, 29
Thales 38
Theodolit 34
Thermometer 43
Tinte 18, 19, 26, 27
Tompion, Thomas 23
Töpferscheibe 12
Tretrad 24
Trevithick, Richard 33
Trigonometrie 34
Type 26

U

Uhr 23
Uhrmacher 23

V

Verbrennungsmotor 48
Vermessung 34, 35
Verne, Jules 59
Verstärker 52
Viertaktmotor 48, 49
Vinci, Leonardo da 42, 58
Volta, Alessandro 38

W

Waage 16, 17
Walze 46
Wasserkraft 24
Wasserpumpe 32
Waterman, Edson 19
Watt, James 32, 33
Weben 61
Webstuhl 37
Werkzeug 10, 11
Windmühle 24, 25
Wollaston, W.H. 38
Wright, Orville und Wilbur 58, 59

Y, Z

Yeates, Robert 6
Zahnrad 9, 29
Zeiss, Carl 41
Zelluloid 41, 60
Zunder 21
Zylinder 32, 33, 48, 49

Bildnachweis

o=oben, u=unten, r=rechts, m=Mitte

Bridgeman Art Library: 11, 18um, 19ul; Russisches Museum, Leningrad: 21mr, 22or; Giraudon, Musée des Beaux Arts, Vincennes: 30ul, 50mr; E.T.Archive: 26or; Mary Evans Picture Library: 10m, 12ml, 12or, 14, 19mr, 19ur, 20or, 21mr, 23or, 24or, 25or, 28ur, 30ur, 31mr, 36ul, 39m, 40ol, 40mr, 41om, 42ul, 42ml, 43or, 43m, 45or, 50or, 53mr, 54ol, 54ul, 55ml; Vivien Fifield: 32m, 48ml, 48m, 48ul; Michael Holford: 16ml, 18ml,18ul; Hulton-Deutsch: 41or; Nationales Motorenmuseum Beaulieu: 19or; Ann Ronan Picture Library: 17ol, 29ur, 29um, 35ur, 38ol, 38mr, 44or, 44ol, 45ol, 56ur; Science Photo Library: 63m, 63ul, 63um; Syndication International: 12ol, 13m, 23ol, 26mr, 28mr, 34ol, 35ol, 36or, 46or, 50ur, 52or, 56or, 58um, 59ur/ Bayrische Staatsbibliothek, München 24ml; / City of Bristol Museum and Art Gallery 53ur; / British Museum 13om, 24ul, 59or; / Library of Congress 37ol / Smithsonian Institution, Washington, DC: 58ur

Mit Ausnahme der hier genannten Bilder und der Abbildungen auf den Seiten 8–9 und 61 stellen alle Fotos in diesem Buch Ausstellungsstücke des Science Museum, London, dar.